Simon Abeln

Helden des Waldes

Simon Abeln

Helden des Waldes

Die etwas andere Welt der Jäger

molino

Inhalt

Ein Wort zuvor

Jagdbücher gibt es wie Holz im Wald. Viele erinnern an ein jagdliches Vermächtnis und ebenso schwer liest sich diese Kost. Ich mag keine Oberflächlichkeit, möchte aber trotzdem unterhalten werden – also ein Augenzwinkern auf Augenhöhe. Ich hoffe, mir ist das mit diesem Buch gelungen!

Immer mehr Menschen wollen Jäger werden. So traten 2019 in Deutschland beinahe doppelt so viele Teilnehmer zur Jägerprüfung an wie noch vor zehn Jahren. Obwohl fast jeder fünfte Aspirant das »Grüne Abitur« nicht besteht, erreicht heute die Anzahl an Jägern einen historischen Höchststand. Die Jagd ist aktueller denn je. Durch gesellschaftspolitische Themen wie Klimawandel, Massentierhaltung und Naturschutz erlebt die Jagd ihre persönliche Renaissance und weckt das Interesse von jungen Männern und Frauen. Der Wunsch, wieder mit der Natur zu leben und sein eigenes Lebensmittel zu erzeugen – direkt und ehrlich – führt diese Menschen zum Jagdhandwerk.

Dazu kommt der Nimbus des Waidwerks: Er ist getragen vom Geheimnisvollen und Ehrenhaften. Da kaum jemand mitbekommt, was draußen im dunklen Tann geschieht, ist der Jäger in erster Linie seinem eigenen Gewissen verantwortlich. So dichtet Oskar von Riesenthal 1880: »Sei außen rau, doch innen mild, dann bleibet blank dein Ehrenschild!« Auch die Gebrüder Grimm schreiben darüber in ihren Märchen. Denken Sie an Rotkäppchen, wo der Jäger die Großmutter samt Enkelin aus dem Bauch des Wolfes befreit, oder Schneewittchen, wo der Jäger es nicht übers Herz bringt, den Mordauftrag der Königin auszuführen.

Früher war es der futtersackschleppende Jäger, der »seinem« Wild über den Winter half. Heute sind es Jäger, die mittels Drohnen Rehkitze vor dem Mähtod retten. Beides geschieht nicht, wie manche Jagdgegner behaupten, damit der Jäger später mehr zum »Abschießen« hat. Es geht um den Respekt vor dem Leben, um die Achtung vor dem Mitgeschöpf. Leben zu retten, gibt eine innere Erfüllung, aber auch das Erlegen von Wild – mit allem, was davor und danach kommt – erfüllt den Jäger mit Freude. An diesem Kreislauf teilhaben zu dürfen, ist ein großes Privileg und eine hohe Verantwortung.

Nun heißt der Titel dieses Buches »Helden des Waldes«. Ein Held vollbringt keine alltäglichen Leistungen. Und tatsächlich ist das, was der Jäger tut, alles andere als alltäglich. In Deutschland kommen auf 1.000 Einwohner nur 4,7 Jäger. Das Leben der meisten Deutschen hat mit Jagd also rein gar nichts zu tun. Im Wald gibt es aber noch viele andere Helden, denken Sie zum Beispiel an Ameisen. An die Leistung dieser Insekten kommen selbst wir Jäger nicht einmal annähernd heran. Der eigentliche Held ist aber der Wald selbst: Er bietet unzähligen Tier- und Pflanzenarten Lebensraum und Nahrung, er schützt unser Klima, spendet sauberes Wasser und schenkt uns Menschen Holz zum Bauen und Heizen – und einen Platz zur Erholung. Wenn ich mich also schon mit meinem Buchtitel aus dem Hochsitzfenster lehne, möchte ich auch Beweise liefern. Dafür habe ich hier und da natürlich um die Ecke gedacht. Aber Sie werden mir sicher zustimmen: Die Welt der Jagd und Jäger ist so naturnah, verblüffend anders und manchmal auch ganz schön verrückt!

Jetzt wünsche ich Ihnen aber viel Freude und Gewinn beim Lesen und Blättern!

Simon Abeln

01

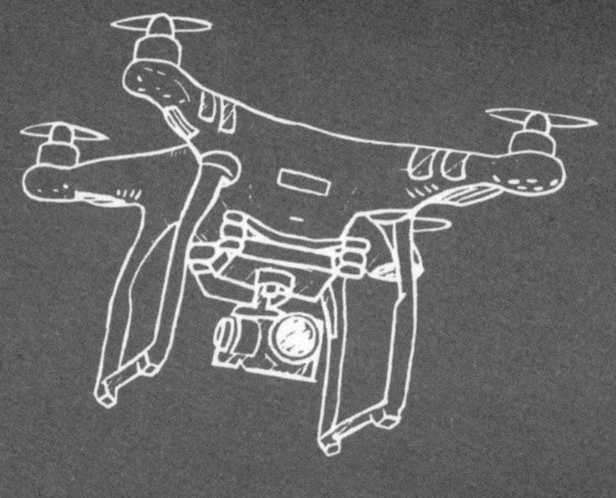

Rettung im Akkord

Sie kennen die Luftrettung nur vom ADAC-Hubschrauber? Es geht auch eine Nummer kleiner. Drohnen zur Kitzrettung sind keine Raketenwissenschaft und wir Jäger zeigen damit, dass Tierschutz für uns kein Lippenbekenntnis ist.

Ein Seltenheitswert: Jäger schaffen es mit einer positiven Nachricht in die BILD-Zeitung! Berufsjäger Rupprecht Walch aus Nördlingen (Schwaben) und sein ehrenamtlicher Begleiter Dieter Hampl haben es erreicht: Unter der Überschrift »Mit seinem Bambi-Copter – dieser Jäger rettet Rehe« berichtete Deutschlands auflagenstärkste Zeitung über die unermüdliche Kitzrettungsaktion der beiden Jäger.

Endlich mal keine Bilder eines strahlenden Jägers, der mit einem erlegten Löwen posiert, oder eines wütenden Pächters, der den wildernden Hund eines Spaziergängers erschossen hat. Nein, diesmal zeigt das Boulevardblatt einen jungen Berufsjäger, der ein kleines Kitz aus der Wiese trägt, gerade noch rechtzeitig, bevor der Bauer seine Mähmesser anwirft. Das ist Balsam für die gepeinigte Seele der vielen Jäger, die sich ebenfalls für den Tier- und Naturschutz einsetzen. Die Biotope anlegen, Nistkästen aufhängen, Hundekurse anbieten, Schulklassen mit in den Wald nehmen und ebenfalls Rehkitzen retten. Oft reicht das nur für den Lokalteil des Heimatblatts. Überregional bringt das keine Quote. Dort braucht es Sex, Gewalt, Ekel oder – Heldenepos.

So wie die beiden Schwaben im Nördlinger Ries, die ab vier Uhr morgens mit Drohne und Wärmebildkamera kleine Rehkitze aufspüren, bevor der Landwirt mit der Mahd seiner Wiese beginnt. Innerhalb von zwei Wochen konnten sie 87 der gepunkteten Fellknäuel retten! Eigentlich liegt das rechtzeitige Auffinden der Kitze in der Verantwortung der Bauern, denn nach dem Tierschutzgesetz machen sie sich strafbar, wenn sie bei der Mahd den Tod des Rehnachwuchses billigend in Kauf nehmen. Das ist aber in der Praxis kaum möglich, zu groß sind die Flächen und zu schnell die Maschinen. Zudem sind oft Lohnunternehmer unterwegs, bei denen Zeit Geld ist. Deshalb ist es Tradition, dass die örtlichen Jäger den Grundbesitzer unterstützen. Ist der Mähtermin rechtzeitig bekannt, stellen die Jäger am Vorabend Wildscheuchen auf der betreffenden Fläche auf. Die Hoffnung ist, dass die Rehgeiß nachts ihre zwei Kitze aus der »unsicheren« Fläche herausführt. Leider funktioniert das nicht immer.

Bleibt dafür keine Zeit, weil die Mähaktion kurzfristig angesetzt wurde, sucht der Jäger mit seinem Hund vorher die Fläche ab. Der ausgebildete Jagdhund steht das Kitz vor, das heißt, er zeigt seinem Führer an, dass direkt vor ihm Wild im Gras verborgen liegt. Dafür bekommt der firme Jagdbegleiter dann natürlich eine Belohnung! Der Jäger zieht sich nun Gummihandschuhe an und nimmt zusätzlich Grasbüschel in beide Hände. So trägt er das Kitz aus der Wiese heraus, ohne es direkt zu berühren. Denn andernfalls würde der Menschengeruch dazu führen, dass die Rehgeiß ihren Nachwuchs nicht mehr annimmt. Der Jäger legt das Kitz nun ganz in der Nähe ab. Nachdem wieder Ruhe an der Fläche eingekehrt ist, sucht die Rehmutter ihre ein bis zwei Jungen und findet sie anhand eines leisen Fiepens.

Im Falle von Rupprecht Walch und Dieter Hampl hatte der Verein für Deutsche Wachtelhunde (Landesgruppe

Baden-Württemberg Nord) die tolle Idee mit den wärmebildbewehrten Drohnen. Oft haben Vereine durch ihre jährlichen Mitgliedsbeiträge einiges an Guthaben auf der hohen Kante. Der Hundeverein schaffte sich kurzerhand zwei Drohnen im Wert von jeweils 15.000 Euro an, die er Jägern in der Umgebung zur Kitzrettung kostenlos zur Verfügung stellt.

Die Jagdpächter und die Landwirte um Oettingen sind dankbar für diese Unterstützung. Denn niemand verkraftet den Anblick von kleinen Bambis mit abgemähten Beinen, schreiend vor Schmerzen. Im Gegenzug darf der Hundeverein die Wiesenflächen für seine Hundeprüfungen nutzen. So folgen neue brauchbare Jagdhunde nach, die neben dem Jagdeinsatz auch wieder zur Kitzrettung eingesetzt werden können. Eine Win-win-Situation für alle Beteiligten.

Vergleicht man die analoge Variante – das bedeutet: Absuchen mit dem Hund – mit der digitalen Variante, also Drohne mit Wärmebildkamera, bezüglich ihrer Effizienz, bekommt ganz klar das Fluggerät den Zuschlag. Das fliegende Auge punktet nämlich mit großem Abstand bei den Faktoren Zeit und Genauigkeit. Natürlich ist so eine Hundenase ein meisterhaftes Instrument, das sogar Krankheiten und Schädlinge erschnüffeln kann. Doch Rehkitze geben kaum Geruch ab. Und das bisschen Duft wird durch überhängende Grashalme noch weiter abgeschirmt. Was in freier Wildbahn zum Schutz vor Fressfeinden wie dem Fuchs gut funktioniert, gereicht hier zum Nachteil. Außerdem besteht die Gefahr, dass die Fläche vom Hund nicht

Laut Schätzung der Deutschen Wildtier Stiftung fallen jedes Jahr 500.000 Wildtiere der Grünlandbewirtschaftung zum Opfer, darunter sind ungefähr 90.000 Rehkitze.

vollständig abgesucht wird – schnell ist ein kleines Eck übersehen. Denn es dauert nicht lange, bis bei großen Flächen die Konzentration nachlässt und die trockene, staubige Luft die Schleimhäute der Hundenase austrocknet. Ganz abgesehen davon, ist es auch nicht immer einfach, die Motivation des Vierbeiners hochzuhalten. Dass einem Jagdhund der Sinn dieser Aktion nicht wirklich einleuchtet, dürfte wohl auch jedem klar sein. Sonst wäre er schließlich ein Rettungshund geworden.

Hier spielt die Drohne ihren Trumpf aus. Sie muss nämlich nichts verstehen. Das Problem liegt vielmehr auf der anderen Seite: Der Jäger muss erstmal die Drohne verstehen. Viele der solventen, aber doch eher betagten Jagdpächter scheuen den Kampf mit der Technik und verzichten lieber auf die Anschaffung. Laut Peter Schließmann, Geschäftsführer der Firma »Digitales Reviermanagement« und erfahrener Drohnenpilot, ist diese Furcht aber unbegründet: »Die abzusuchende Fläche kann einfach mit dem Finger auf dem iPad gezeichnet werden. Dadurch errechnet die Flug-App die gewünschten GPS-Koordinaten und die Drohne fliegt die Fläche selbstständig ab.« Wärmequellen und damit potenzielle Fundorte werden dabei auf dem Wärmebildschirm angezeigt. So können Helfer per Funkgerät oder Mobiltelefon punktgenau zu den abgelegten Kitzen dirigiert werden.

Wichtig für die Genauigkeit von Wärmebildtechnik ist ein möglichst hoher Temperaturunterschied zwischen dem zu suchenden Objekt und der Umgebung. Drohnen mit

Wärmebildkamera lokalisieren deshalb Wärmequellen auf der Wiese am besten, solange die Lufttemperatur noch niedrig ist. Da die Wiesenmahd nunmal nicht im Winter stattfindet, sondern im Mai und Juni, muss die Suche in den frühen Morgenstunden erfolgen. Will der Landwirt an diesem Tag große Wiesenflächen mähen, ist ein einzelner Jagdhund in puncto Kondition und Zeit völlig überfordert. Da müsste schon eine ganze Hundestaffel anrücken. Und dem Bauer gefällt die Drohnenlösung schon deshalb besser, weil das Gras nicht durch den Jäger und weitere suchende Mithelfer niedergetreten wird.

Nach Schließmann benötigen die gängigen Drohnenmodelle nur rund 20 Minuten, um eine Fläche von 18 Hektar abzusuchen – bei einer Treffergenauigkeit von 100 %. Das alles zwischen vier und sieben Uhr morgens. Ein Jäger bräuchte mit seinem Jagdhund für die gleiche Fläche etwa 18 Stunden! Umgerechnet schafft die Drohne einen Hektar also in gut einer Minute, der Jäger dürfte dagegen eine Stunde benötigen. Zumindest wenn man von einer Suchbreite von fünf Metern pro Bahn ausgeht. Da die meisten Jäger ihren Hund vor sich an der Feldleine suchen lassen, dürfte das realistisch sein. Und das eine oder andere Kitz kann dem analogen Zweiergespann trotzdem durch die Lappen gehen, wenn der wartende Bauer schon nervös auf dem Gaspedal steht.

Leider gelten in der Europäischen Union seit dem 1. Juli 2020 einheitliche Regelungen und Gesetze für Drohnen. Ich sage deshalb »leider«, weil dadurch die Voraussetzun-

Dass einem Jagdhund der Sinn dieser Aktion nicht wirklich einleuchtet, dürfte wohl auch jedem klar sein. Sonst wäre er ja ein Rettungshund geworden.

gen für den Drohneneinsatz etwas komplizierter werden. Bisher hing die Erlaubnispflicht vom Einsatzzweck ab. Jetzt ist neben dem Gewicht auch die Gefahrenklasse der Drohne entscheidend. Ab Januar 2021 ist auf jeden Fall bis 2 kg Drohnengewicht der kleine und ab 2 kg der große Drohnenführerschein gefordert. Immerhin kann die Prüfung dazu online abgelegt werden.

Laut Schätzung der Deutschen Wildtier Stiftung fallen jedes Jahr 500.000 Wildtiere der Grünlandbewirtschaftung zum Opfer, darunter sind ungefähr 90.000 Rehkitze. Wenn irgendwo modernste Technik im Jagdbetrieb zum Einsatz kommen sollte, dann zur Beendigung dieses jährlich wiederkehrenden Massakers. Jedes ausgemähte Tier ist eines zu viel!

◆

Das »fliegende Auge« punktet mit großem Abstand bei den Faktoren Zeit und Genauigkeit. Die Drohne schafft einen Hektar in gut einer Minute, der Jäger dürfte dagegen eine Stunde benötigen.

VS

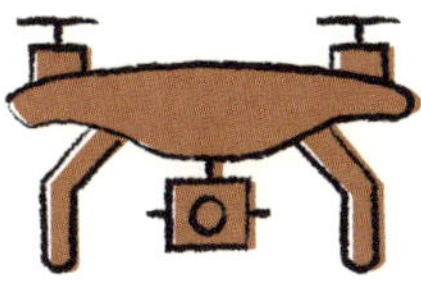

Jäger mit Hund — Drohne

Jäger mit Hund		Drohne
—	Flughöhe	50 m
2 km/h	Geschwindigkeit	18 km/h
5 m	Suchbreite	30 m
60 Min.	Suchdauer für 1 ha	1 Min.

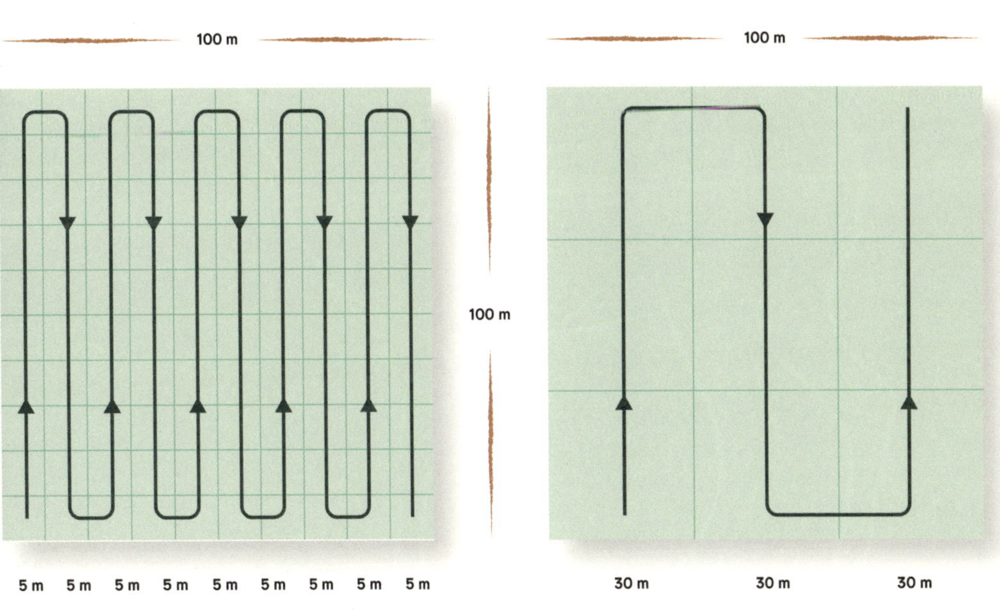

02

Die besten Jahre fürs Rehwild

Sie sitzen öfter auf dem Hochsitz als auf dem Sofa? Dann gehören Sie zu den Jägern, die den Großteil ihrer Freizeit zur Regulierung der Schalenwildbestände einbringen. Nach Wünschen der Politik darf's bald noch ein bisschen mehr sein.

»Der Hirsch des kleines Mannes« – so wird Rehwild landläufig bezeichnet. Das rührt daher, dass diese Wildart in früheren Jahrhunderten nicht vom Hochadel beansprucht und deshalb dem Niederwild zugeschlagen wurde. Rehwild durfte im Gegensatz zu anderen Schalenwildarten auch vom niederen Adel und anderen ausgewählten Personengruppen bejagt werden.

Auch heute noch werden Reviere in Hoch- und Niederwildreviere unterteilt, was sich sowohl in der Pachtdauer als auch im Pachtzins niederschlägt. Niederwildreviere sind meist deutlich günstiger zu haben und so wird das Rehwild zum (Trug-)Hirsch des normalverdienenden Waidmanns.

Rehwild kommt im Gegensatz zum Rotwild in Deutschland fast flächendeckend vor und knackt als einzige Wildart in der jährlichen Streckenstatistik die 1-Millionen-Grenze. Wie viele Rehe in Deutschland leben, weiß niemand. Wissenschaftliche Studien ergaben jedoch, dass man nur die Hälfte aller Rehe jemals zu Gesicht bekommt. Aufgrund seiner Häufigkeit steht das Rehwild seit einigen Jahrzehnten im Kreuzfeuer der Kritik, wenn es um das Thema Verbiss geht, und hat sogar einen eigenen Begriff geprägt: den Wald-Wild-Konflikt.

Weil man Rehe nicht zählen kann, sollen forstliche Vegetationsgutachten feststellen, ob die Bestandshöhe tragbar ist oder nicht. Diese Verbissgutachten – was für eine tolle Bezeichnung! – werden in Bayern seit 1986 im dreijährigen Turnus durchgeführt und fordern tendenziell

Die Nachfrage nach Wild steigt im Herbst langsam an und erreicht kurz vor Weihnachten ihren Höhepunkt.

Beliebtheit des Suchbegriffs »Rehrücken« bei Google

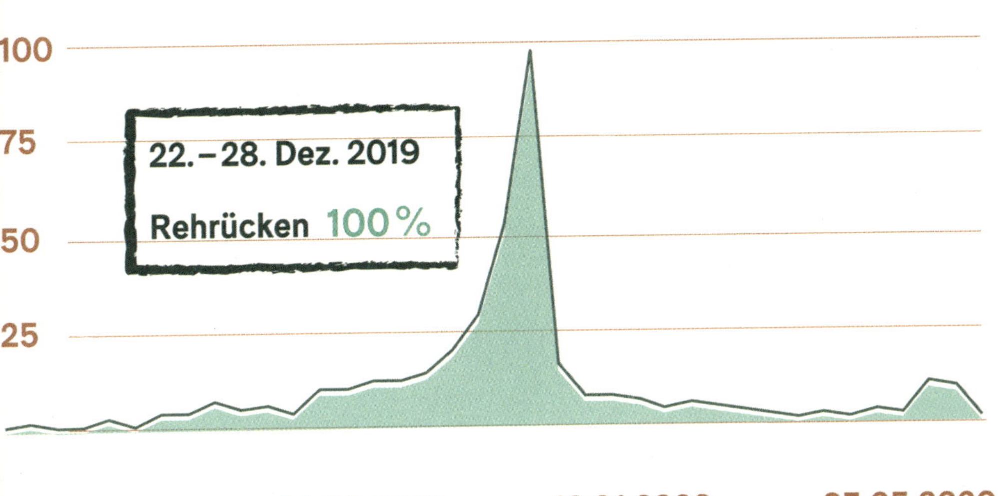

06

Ein Jagdhund auf Abwegen

Haben Sie gewusst, dass der Dackel zu den beliebtesten Jagdhunden gehört? Die kleinen Draufgänger besitzen ein ausgeprägtes Selbstbewusstsein mit einem manchmal ungesunden Hang zur Selbstüberschätzung. Und heißt es nicht auch: »Wie der Herr, so's Gescherr?«

Die Deutschen lieben Hunde. So ist es nicht verwunderlich, dass 9,4 Millionen Rassehunde und Mischlinge in 19 % aller deutschen Haushalten ihr Quartier bezogen haben.[8] In fast jedem fünften deutschen Haushalt lebt also mindestens ein Hund. Bei den Jägern überwiegen mit 63 % sogar die Haushalte mit Hund. 22 % aller Jäger beherbergen sogar zwei und mehr Hunde.[9] Unter den Waidfrauen und Waidmännern gehört der Hund also zum guten Ton, getreu dem Jägersprichwort: »Jagd ohne Hund ist Schund!« Um waidgerecht, also tierschutzgerecht, jagen zu können, benötigt der Jäger einfach die Sinne und Fähigkeiten des Wolfabkömmlings, sei es um die Fährte verletzter Tiere zu verfolgen oder um Wildschweine aus dem Dornenverschlag herauszudrücken.

Der Nutzen ist aber nicht nur einseitig. Denn der passionierte Jäger ermöglicht es dem Jagdhund, seine angeborenen Triebe ausleben zu können. Das gemeinschaftliche Beutemachen schweißt zusammen. Dazu gehört übrigens auch, abends gemeinsam alle viere zufrieden von sich zu strecken.

Nun gibt es unter den Jagdhunden verschiedene Gruppen, die sich nach ihrem überwiegenden Einsatzzweck unterscheiden. Dazu zählen zum Beispiel die Vorstehhunde, die Schweißhunde, die Stöberhunde, die Apportierhunde und die Bauhunde. Unter den Jägern am beliebtesten sind die Vorstehhunde.[10] Dazu gehören zum Beispiel die Rassen Deutsch Kurzhaar, Kleiner Münsterländer und Weimaraner. Obwohl sie ihre klassische Aufgabe – das Anzeigen von

und Dachse aus dem Bau zu treiben – der Jäger sagt »sprengen« –, zeichnet sich der Dachshund durch eine große Portion Mut und Unerschrockenheit aus. Denn sich einem wehrhaften Dachs gegenüber zu stellen, erfordert Nervenstärke. Dackel besitzen ein ausgeprägtes Selbstbewusstsein mit einem manchmal ungesunden Hang zur Selbstüberschätzung. Nicht umsonst gibt es den Spruch: »Blickt ein Dackel in den Spiegel, sieht er einen Löwen.« So stellt er sich gerne einmal auf seinen krummen Beinen mit geschwellter Brust einem Neufundländer in den Weg. Auch das Kräftemessen mit einem Keiler hat schon mancher Kampfdackel mit dem Leben bezahlt.

Mit dem Gehorsam hat es der Teckel auch nicht so. Er entscheidet lieber nach eigenem Gutdünken. Das kann man ihm nicht übel nehmen: Denn im Dachs- oder Fuchsbau ist er auf sich selbst gestellt und gezwungen, eigene Entscheidungen zu treffen. Autor George Mikes sagte einmal: »Die genaueste Vorstellung von der Machtlosigkeit des Menschen haben Gott und der Dackel.« Dackel sind nämlich nicht nur selbstbewusst, sondern auch sehr klug. Plumper Gehorsam ist einfach unter ihrem Niveau. So bewahren sich die kleinen Draufgänger selbst bei konsequenter Erziehung immer eine gewisse Eigenständigkeit.

Waren es im Maskottchenjahr 1972 noch rund 28.000 Geburten[12], erblickten 2018 gerade noch 5.800 neue Dackelwelpen das Licht der Welt. So fragte man sich 2007 in verschiedenen Medienberichten bestürzt: »Stirbt der Dackel aus?« Die Antwort lautete: »Nein, zumindest nicht

Plumper Gehorsam ist einfach unter seinem Niveau. So bewahrt sich der kleine Sturkopf selbst bei konsequenter Erziehung immer eine gewisse Eigenständigkeit.

in Deutschland!« Denn schon wenige Jahre später endete der Abwärtstrend und die Deutschen erlagen wieder dem treuen Dackelblick und dem Charme des Wackeldackels auf der Hutablage, wenn auch auf deutlich niedrigerem Niveau als in den vorigen Jahrzehnten. Modehunde wie Jack-Russel-Terrier, kleine Möpse, Pekinesen und bullige Kampfhunde konkurrieren weiterhin mit dem heimischen Dackel. Heute steht das Züchten von Dackeln im weltweiten Wettbewerb. Die Züchter wollen neue Trends setzen und streben nach dem »perfekten Dackel«. So gibt es nicht wenige Dackelbesitzer, die für sich in Anspruch nehmen, den schönsten Dackel der Welt ihr Eigen zu nennen. Außerdem heißt es »andere Länder, andere Sitten«. Italienische Dachshunde gehen auf Wildschweinjagd, französische Teckel lernen zu tanzen, in Ungarn wird der Dackelweltmeister gekürt und in Japan werden die Dackel mit Fangomassagen verwöhnt. Massagen scheinen dem zu Übergewicht und Bandscheibenvorfall neigenden Krummbeiner gut zu bekommen, denn in Japan leben heute die meisten Dackel.

2006 erblickten in Japan sogar 20.000 Dackelwelpen die aufgehende Sonne. Schuld war mal wieder der Sport: Bei der Fußballweltmeisterschaft 2006 war das Maskottchen der japanischen Mannschaft ein Dackel mit dem Namen »Erwin Rommel«.[13] Ein bisschen makaber, aber sagen wir mal so: Gut, dass es kein Schäferhund war ...

Fassen wir einmal zusammen, was wir über den Dackel von heute wissen: Bei 12 % der Jäger liegt hierzulande jeden Abend ein Dackel auf der Sauschwarte, meist erschöpft vom Stöbern im Revier. Nach der Gruppe der Vorstehhunde mit 24 % ist der Dackel also der zweitbeliebteste Jagdhund. Auch unter allen deutschen Bürgern ist der ursprünglich für die Jagd gezüchtete Vierbeiner nach dem Deutschen Schäferhund immer noch die beliebteste Hunderasse – noch vor Deutsch Drahthaar, Labrador Retriever und Golden Retriever. Während die letztgenannten Rassen den »Will to please« haben, also alles daransetzen, Herrchen oder Frauchen zufrieden zu stellen, geht das dem Dackel am Hinterteil vorbei. Er ist dominant, eigensinnig und mit seinem enormen Selbstbewusstsein schafft er es mühelos, eine ganze Familie seinem Willen zu unterwerfen. Abends liegt er dann müde auf dem Sessel, stolz auf sein Tagwerk: jeden Ruf und Pfiff ignoriert, immer stramm an der Leine gezogen und stets so lange geschnuppert, wie es notwendig war. Ja, das ist unser Waldi.

◆

Erst 2014 stoppte der Abwärtstrend und die Deutschen erlagen wieder dem treuen Dackelblick. Bei der Fußballweltmeisterschaft 2006 war das Maskottchen der japanischen Mannschaft ein Dackel mit dem Namen »Erwin Rommel«.

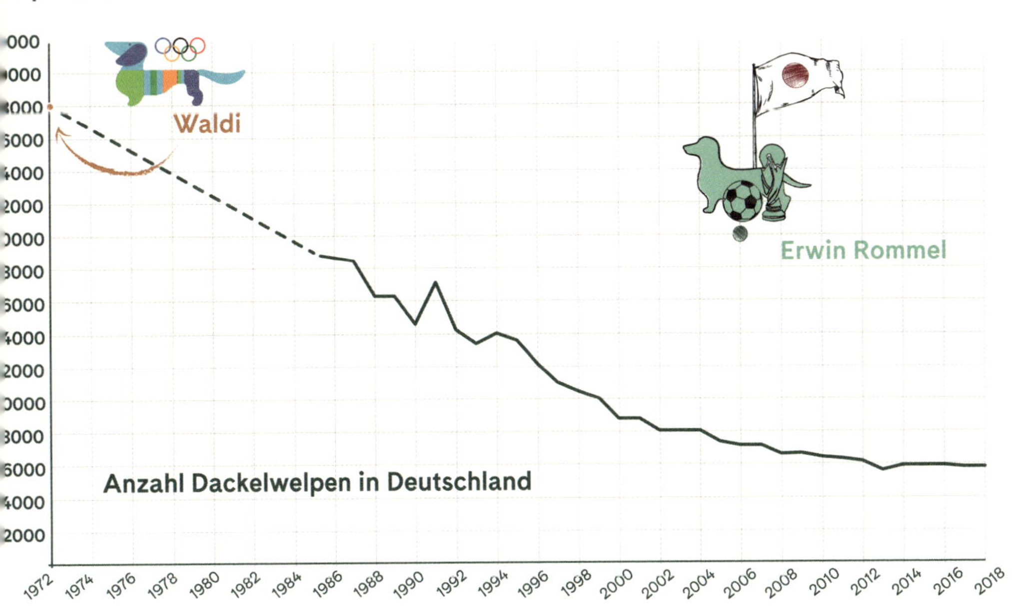

Bei 12 % der Jäger liegt jeden Abend ein Dackel vor dem Kamin.

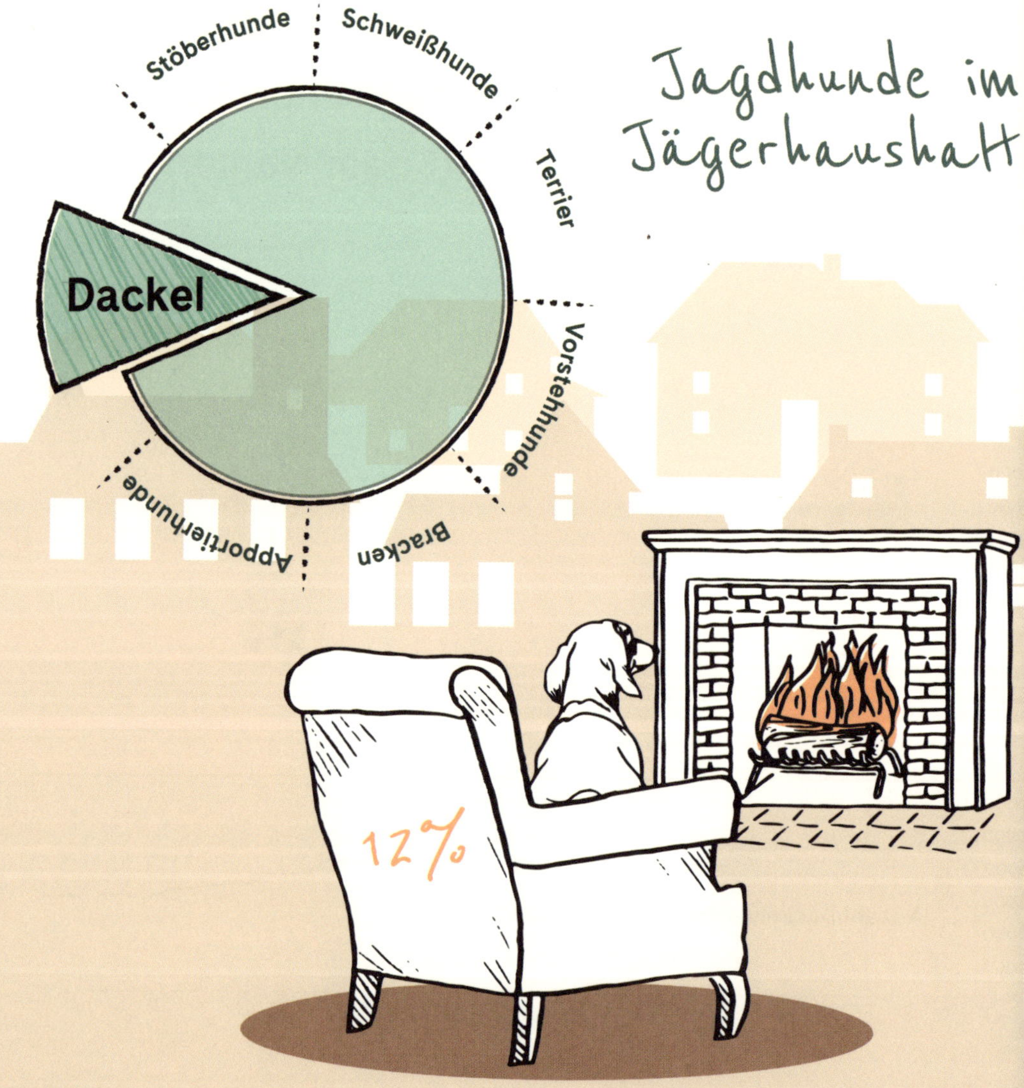

Dackel besitzen ein ausgeprägtes Selbstbewusstsein mit einem manchmal ungesunden Hang zur Selbstüberschätzung. Nicht umsonst gibt es den Spruch: »Blickt ein Dackel in den Spiegel, sieht er einen Löwen.«

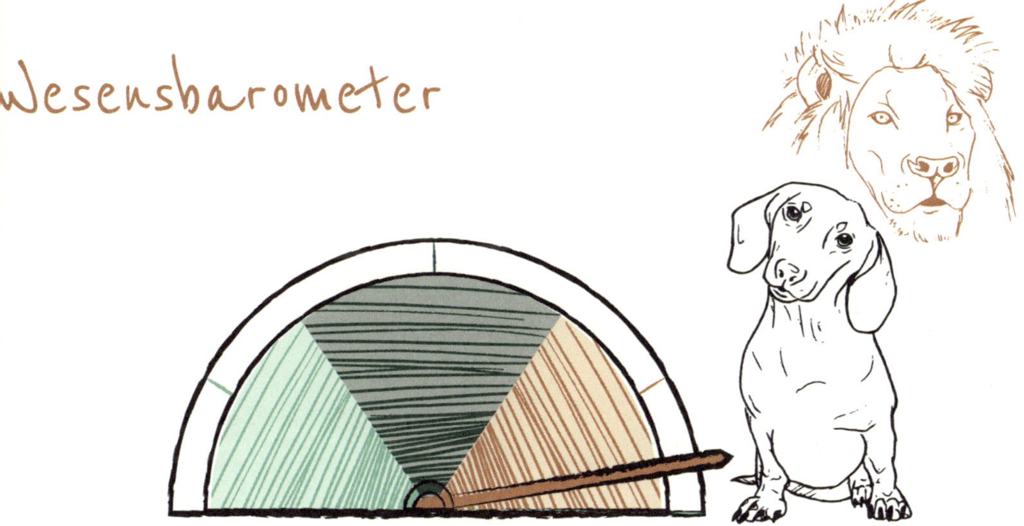

Angsthase
Everbody's Darling
kooperativ

tapfer
verschlossen
eigenwillig

stur
Größenwahn
argwöhnisch

07

Kein Bock aufs Ehrenamt

Freiwillige vor! Von dieser Aufforderung fühlen sich immer weniger Jägerinnen und Jäger angesprochen. Anstatt ein Ehrenamt zu bekleiden, werfen sich die meisten Grünröcke die Lodenjoppe über und pirschen lieber durchs Revier.

Laut einer Mitgliederbefragung des Deutschen Jagdverbandes (DJV) aus dem Jahr 2018 sind 41 % der etwa 388.000 Jägerinnen und Jäger im Ehrenamt tätig.[14] Dabei engagieren sich die Waidfrauen mit 47 % öfters als die Waidmänner. Gemeint sind in der Befragung Ehrenämter mit Jagd- oder Naturschutzbezug, also nicht der Kassierer der Freiwilligen Feuerwehr oder der Schriftführer im Fußballverein. Denn verglichen wird dieser Wert mit dem Anteil aller Bundesbürger, die freiwillig im Umwelt- oder Naturschutz aktiv sind. Und das sind laut Deutschem Jagdverband nur 9 %.[15]

Das klingt doch super! So viele Jäger, die Gewehr bei Fuß stehen, wenn es um die Betreuung des Informationsstandes auf der Messe geht. Wenn mit der Schulklasse Vogelkästen gebaut werden sollen. Wenn der Journalist fragt, wem er ein paar Fragen stellen könne. Wenn Übungsschleppen für die Jagdhunde gezogen werden müssen. Wenn die Jagdhornbläser am Sonntag zum Siebzigsten vom Herbert spielen sollen. Und wenn die Wahl des neuen Kreisgruppen-Vorstands ansteht. Offenbar kann man sich vor lauter Kandidaten gar nicht entscheiden.

Ich muss wohl in einer jagdlichen Parallelwert leben. Ich war viele Jahre Mitglied in gleich zwei Kreisgruppen und gleichzeitig Hegegemeinschaftsleiter. In dieser Funktion nahm ich an unzähligen Besprechungen teil. Kaum rückte der Tagesordnungspunkt zu einer der oben genannten Fragen näher, drückte bei den Anwesenden die Konfirmandenblase oder es musste dringend »Eine« geraucht werden. Wer es nicht rechtzeitig rausschaffte, blickte verschämt zu Boden oder daddelte eifrig auf dem Handy rum. Bloß nicht mit einem Job aus der Versammlung gehen. Laut der oben zitierten Befragung hätte doch jeder Zweite am Tisch die Hand heben müssen, voller Begeisterung, sich endlich einbringen zu dürfen.

Ein Beispiel: Unsere Kreisgruppe umfasst drei Hegegemeinschaften. Wie in jeder Kreisgruppe findet im November traditionell die Hubertusfeier statt. Das Schmücken des Festsaals obliegt im rotierenden System den Hegegemeinschaften. Dazu gehört das Aufstellen der Tische und das Anbringen der Fichtenzweigdekoration am Rednerpult und an den Wänden. Die Tischdeko gehört schon nicht mehr zu den Aufgaben – die wird liebevoll von einigen Jägersfrauen angefertigt und drapiert. Das ist sicher auch besser, bevor hier die groben Jägerhände zupacken ... Die Rolle der zuständigen Hegegemeinschaft ist also sehr übersichtlich, weshalb drei Personen ausreichen. Und nicht einmal die findest du. Letztes Jahr stand der Hegegemeinschaftsleiter allein da.

Ein weiteres Beispiel: Seit zwei Wahlperioden möchte der Kreisgruppen-Vorsitzende altersbedingt das Amt abgeben. Es findet sich kein Nachfolger. Keiner der Jäger möchte dessen Verantwortung übernehmen – besser gesagt: dessen Arbeit. Jeder möchte seine Freizeit lieber dazu nutzen, selbst auf die Jagd zu gehen. Und nicht seine Zeit für andere opfern, während diese womöglich noch an

Wer es nicht rechtzeitig rausschafft, blickt verschämt zu Boden oder daddelt eifrig auf dem Handy rum. Bloß nicht mit einem Job aus der Versammlung gehen.

der Jagdgrenze den eigenen Rehbock wegschießen. Könnte ein bisschen Jagdneid hinter dem mangelnden Engagement stecken?

Ich weiß nicht, wie es zu dieser Entwicklung gekommen ist. Gefühlt würde ich sagen, dass es ein gesamtgesellschaftliches Phänomen ist. Jammern nicht alle Vereine über mangelnden Nachwuchs? Der Schützenverein, der Musikverein, die Feuerwehr? Kommt es nicht immer häufiger vor, dass sich kein vollständiger Vorstand mehr findet? Allenfalls ein »zweiter Vorsitzender«? Aber da muss ich mich wohl täuschen, denn laut der Allensbacher Markt- und Werbeträgeranalyse (AWA) waren 2019 knapp 16 Millionen Deutsche ehrenamtlich tätig – Tendenz steigend.[16] Das bedeutet, dass zwei von drei Deutschen freiwillig und unbezahlt in ihrer Freizeit aktiv sind. Allerdings nur jeder fünfte im Natur- oder Umweltschutz.

In diesem Punkt scheint die Gruppe der Jungjäger vorbildlich zu sein. Mit 45 % wollen sich fast die Hälfte der Jagdscheinanwärter in einer jagdlichen Vereinigung ehrenamtlich engagieren, am liebsten im Naturschutz.[17] Aber wo sind die alle geblieben? Mit welchem Jahresjagdschein haben sie diesen hehren Vorsatz in den Luderschacht gekippt? Und warum? Was ist passiert?

Womöglich werden wir zu immer getriebeneren Jägern. Von einer Drückjagd zur nächsten, von einer Jagdgelegenheit zur anderen. Alles muss mitgenommen werden, nichts darf verpasst werden. Ich hoffe nicht, dass das die Zukunft der Jagd ist.

Wie gesagt, vielleicht täuscht mein Eindruck auch und die Situation ist viel besser, als ich unke. Deshalb versuche ich einmal hochzurechnen, wie viele Ehrenamtliche wir denn nun wirklich innerhalb der Jägerschaft haben. Dazu gehe ich einmal von der kleinsten jagdorganisatorischen Einheit aus, der Kreisgruppe bzw. dem Jägerverein. Ehrenamtlich, aber mit offizieller Funktion, sind dort der Vorstand, die Hegegemeinschaftsleiter und die Obmänner tätig. Der Vorstand umfasst – wie in jedem Verein – den ersten Vorsitzenden, den zweiten Vorsitzenden, den Schatzmeister und den Schriftführer.

Eine kurze Begriffserklärung für die Nicht- oder Jungjäger unter den Lesern: Eine Hegegemeinschaft ist ein Zusammenschluss der Jagdausübungsberechtigten mehrerer benachbarter Reviere, die eine landschaftliche Einheit bilden. Sie hat den Sinn, Hegemaßnahmen und Abschusspläne zu koordinieren. Die Anzahl der Hegegemeinschaften ist sehr unterschiedlich und hängt von der Größe und Struktur der Kreisgruppe ab. Sie dürfte irgendwo zwischen drei und zehn liegen. Gehen wir also von im Schnitt sechs Hegegemeinschaften aus, vertreten durch den HG-Leiter. Meiner Erfahrung nach ist der stellvertretende HG-Leiter in Bezug auf seine Aktivität zu vernachlässigen.

Obmänner und Obfrauen verantworten immer ein bestimmtes Thema in der Kreisgruppe. Zu welchen Themen Obleute berufen werden, ist recht unterschiedlich, je nachdem, welche Aspekte für die Reviere relevant sind. Gängig sind: Obmänner für Öffentlichkeitsarbeit, Hundeausbil-

Jeder möchte seine Freizeit lieber dazu nutzen, selbst auf die Jagd zu gehen. Und nicht seine Zeit für andere opfern, während diese womöglich noch an der Jagdgrenze den eigenen Rehbock wegschießen.

dung, Schießwesen, Jungjäger, Jagdhornbläser und Naturschutz. Mancherorts gibt es beispielsweise noch Obleute für den Wolf oder den Biber.

Wir sprechen also in etwa von einer 20-köpfigen Mannschaft, die in der Kreisgruppe offiziell Verantwortung übernimmt. Dazu kommen Mitglieder, die ohne offizielles Amt regelmäßig ehrenamtlich aktiv sind. Das können bestätigte Nachsuchenführer sein oder Jäger, die persönliche Kontakte, zum Beispiel zur Schule oder zum Kindergarten, haben. Diesen Personenkreis würde ich noch einmal großzügig auf 20 Jäger beziffern. Damit kämen wir also pro Kreisgruppe auf 40 ehrenamtlich tätige Jäger, die sich in den Dienst der jagdlichen Allgemeinheit stellen.

Lassen Sie mich diese Zahlen einmal hochrechnen: Nehmen wir dazu den Bayerischen Jagdverband (BJV) mit rund 50.000 Mitgliedern und 160 Kreisgruppen und Jägervereinen, dann ergibt das eine durchschnittliche Mitgliederzahl pro Kreisgruppe von 312 Jägern. Wenn von diesen 312 Waidfrauen und Waidmännern also 40 ehrenamtlich aktiv sind, dann ist das ein Anteil von kläglichen 13 %. Zur Erinnerung: Fast jeder zweite Jungjäger hatte während seiner Jagdausbildung noch zu Protokoll gegeben, ein Ehrenamt in der Jagdvereinigung übernehmen zu wollen. Gertrud Helm, BJV-Pressesprecherin, bestätigt diese Einschätzung. Es fänden sich immer weniger junge Leute, die sich im Verein tatkräftig engagieren wollen und können. Als Grund sieht Helm einen Mangel an Zeit. Junge Leute seien im Beruf sehr stark eingespannt, befänden sich gerade im Aufbau ihrer Karriere oder gründeten Familien.[18] Mit dem grünen Abitur in der Tasche, heißt es also wohl häufig: »Nein danke, zu viel der Ehre!«

◆

Während der Jagdausbildung planen 45 % der Jagdscheinanwärter, sich ehrenamtlich zu engagieren. Nach Erlangung des grünen Abiturs sind es gerade noch 13 %.

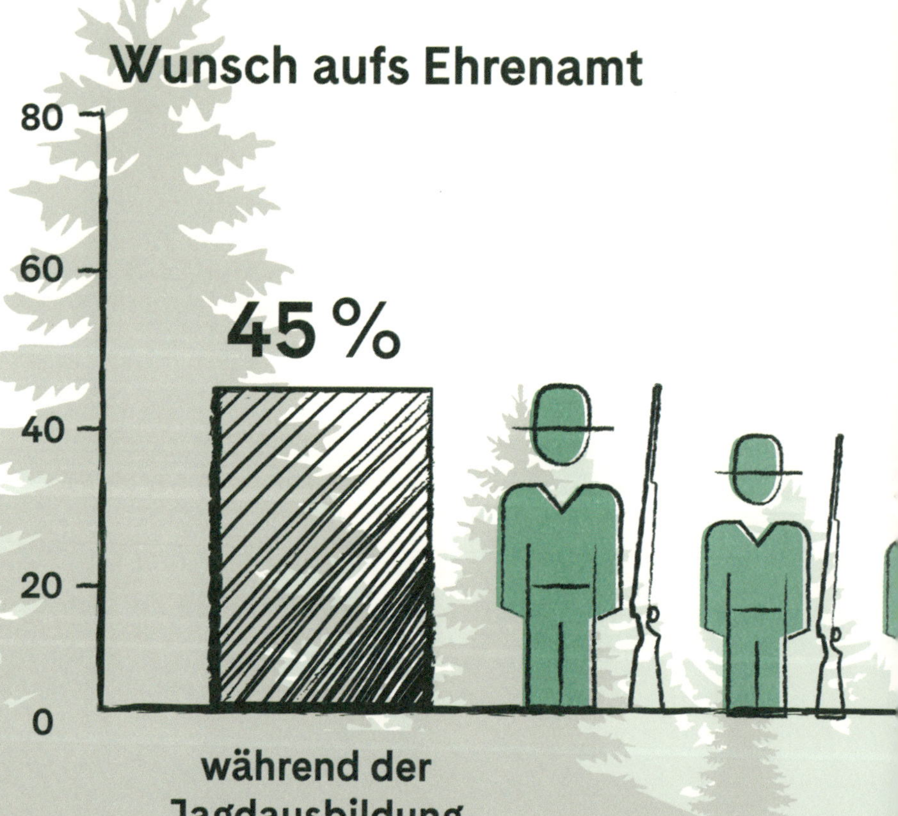

Jägerbrief
Frau Diana Grünrock
Jägerprüfung
Jäger club
Helden des Waldes

13 %
mit
Jagdschein

08

Von Hecken & Schützen

Sind Sie Jäger oder Naturschützer? »Natürlich Jäger«, sagen Sie. Nein, Sie sind beides! Denn mit jeder Biotoppflege im Revier schaffen Sie zugleich Lebensraum für viele andere Tier- und Pflanzenarten. Ob Sie es wollen oder nicht.

In einer repräsentativen Umfrage des unabhängigen Marktforschungsinstituts ifA stimmten 76 % der Befragten der Aussage zu, dass Jäger viel Zeit in den Naturschutz investieren.[19] Ganze 88 % waren der Meinung, dass Jäger die Natur lieben und distanzierten sich damit von der gelegentlich zu hörenden These, dass Jäger nur Naturschutz betreiben, um noch mehr Tiere »heranzuzüchten«, die sie anschließend »abschießen« könnten.

Das wäre auch widersinnig, denn es geht bei der Jagd ja nicht darum, immer mehr Tiere zur Strecke zu bringen. Es geht darum, in einer Kulturlandschaft wie der unseren ein Gleichgewicht herzustellen, das auch gefährdeten Arten die Möglichkeit gibt, zu überleben. Es geht aber auch darum, die Interessen von uns Menschen zu schützen. So sollen Feldfrüchte und Waldbäume vor Schaden bewahrt und Krankheiten wie Tollwut oder Schweinepest bekämpft werden.

Grundsätzlich werden von stabilen Wildtierpopulationen nur so viele Tiere entnommen, wie langfristig nachkommen. Denn wie die deutsche Forstwirtschaft basiert auch die Jagd auf dem Prinzip der Nachhaltigkeit. So ist es dem Bundesjagdgesetz mit der dort verankerten Hegepflicht zu verdanken, dass keine Tierart, die dem Jagdrecht unterliegt, seit dessen Inkraftsetzung ausgestorben ist. Es geht uns beim Naturschutz also in erster Linie um Artenschutz. Und da zum Artenschutz auch die Pflege diverser Lebensräume gehört, steht vice versa der Naturschutz ganz oben auf der Liste.

Nun, Wollen und Können sind oft zwei Paar Stiefel. Nicht so bei den Jägern: Die Grünröcke sind neben den Anglern die einzigen ehrenamtlich tätigen Naturschützer, die eine umfangreiche Ausbildung und eine staatliche Prüfung absolvieren müssen. Das heißt natürlich noch lange nicht, dass jeder Jäger auf Anhieb weiß, wie man eine Benjeshecke anlegt. Aber wer ein Grundwissen besitzt, der macht daraus schnell auch ein Praxiswissen. Den Erfolg dieser Strategie bestätigte die internationale Naturschutzbehörde IUCN bereits vor 20 Jahren, als sie die Jagd, wie sie in Deutschland ausgeübt wird, als eine Form des Naturschutzes anerkannte.

Dass die Jäger es ernst mit dem Naturschutz meinen, zeigt ihr zeitliches und finanzielles Engagement. Für Biotoppflege und Artenschutz geben Jäger jährlich 86 Millionen Euro aus.[20] Natürlich für Tierarten, die dem Jagdrecht unterliegen, dem sogenannten »Wild«. Das heißt aber noch lange nicht, dass alles Wild auch bejagt werden darf. Es gibt viele Wildarten, die eine ganzjährige Schonzeit besitzen, wie zum Beispiel das Auerwild und der Fischotter. Außerdem gibt es Wildarten, deren Bestände stark rückläufig sind und deshalb vielerorts freiwillig nicht mehr bejagt werden, wie etwa das Rebhuhn.

Der Mehrwert für den Natur- und Artenschutz liegt nun darin, dass die von den Jägern aus eigener Tasche finanzierten Hegemaßnahmen zugleich zahlreichen anderen Arten zugutekommen. Arten, die nicht dem Jagdrecht unterliegen und demnach auch kein »Wild« sind. Wenn die

Nimrode also jedes Jahr 1.700 Hektar neue Teichflächen anlegen[21] – was circa der Größe der Insel Amrum entspricht –, dann profitieren davon nicht nur Enten, sondern auch zahlreiche Amphibien und Fische.

Wenn die Jäger jedes Jahr Streuobstwiesen und Feldgehölze mit einer Gesamtfläche von 2.000 Fußballfeldern anlegen[22], dann profitieren davon nicht nur Feldhasen und Fasanen. In den Höhlen alter Obstbäume beziehen Steinkauz, Wendehals und Wiedehopf ihr Quartier. Das üppige Blütenangebot in den Baumkronen und am Boden ist eine wichtige Weide für Bienen, Schmetterlinge, Käfer und Hautflügler. Im Spätsommer lassen sich Vögel, Bilche, Raupen und Maden die Früchte schmecken, gerne auch mal in Form von Fallobst »mit Schuss«.

Ein besonderes Augenmerk legen die Jäger auf Hecken, weil das Niederwild dort Schutz findet vor Räubern wie dem Fuchs und diversen Greifvogelarten. Aber auch das ist nur ein Mosaiksteinchen dieses Lebensraums, denn Hecken gelten als Hotspot der Artenvielfalt. Durch ihren geschichteten Aufbau sind sie wie ein kleines Mehrfamilienhaus: Die Baumschicht dient als Singwarte und Nistplatz für viele Vögel und als Spähplatz für Greifvögel. In der Strauchschicht hält der Neuntöter Ausschau nach Insekten und Vögel bauen ihr Nest in das undurchdringliche Dickicht zum Schutz vor Fressfeinden. Die Krautschicht bietet Feldhasen, Rebhühnern und Fasanen Zuflucht. Und noch weiter unten leben zahlreiche Insekten, Spinnen und andere Wirbellose.

Es geht bei der Jagd nicht darum, immer mehr Tiere zur Strecke zu bringen. Es geht darum, in einer Kulturlandschaft wie der unseren ein Gleichgewicht herzustellen, das auch gefährdeten Arten die Möglichkeit des überlebens gibt.

Wenn Landwirte beim Grubbern ungewollt Steine an die Oberfläche befördern, tragen sie diese zur Seite und stapeln sie am Heckenrand. Eidechsen lieben es, auf diesen Lesesteinhaufen ein Sonnenbad zu nehmen, um nach kühlen Nächten auf »Betriebstemperatur« zu kommen. Im Winter verstecken sich die Reptilien dann tief im Innern, um bewegungslos auf das nächste Frühjahr zu warten. Auch Kleinsäuger wie der Igel nutzen die verklüfteten Hohlräume gerne als Versteck. Bodensingvögel, wie der in Deutschland vom Aussterben bedrohte Steinschmätzer, nutzen die Steinansammlung als Sitzwarte und Nistplatz.

Früher durchzogen Hecken die gesamte Flur und dienten als Abgrenzung der Ackerflächen. Sie bremsten den Wind ab und schützten vor Erosion. Im Zuge der Flurbereinigung wurden diese Strukturen größtenteils entfernt, weil sie bei der »ordnungsgemäßen« Bewirtschaftung mit immer größer werdenden Maschinen störten. Ein Fehler, wie man heute weiß, denn diese niederen Feldgehölze sind Lebensraum und Nahrungsquelle für eine Vielzahl von Tierarten. Darunter auch vieler Nützlinge, die sich quasi direkt vor der Haustüre über die Schädlinge der angrenzenden Ackerfläche hermachen.

Nun ist eine gerodete Hecke aber nicht so einfach wieder ersetzt. Es braucht bis zu 20 Jahre, bis eine Hecke ihren vollen ökologischen Wert erreicht. Generell ist es besser, bestehende Hecken und Feldgehölze zu erhalten, als neue zu pflanzen. Aktuell pflanzen und pflegen die Jäger jährlich 6.000 Kilometer Heckenstreifen, eine Strecke so lang wie die Chinesische Mauer.[23] Ein passendes Bild: Optimal wäre es nämlich, wenn sich Hecken wie ein einziger, nicht enden wollender Streifen durch die deutschen Reviere ziehen würden, denn die Vernetzung dieses besonderen Lebensraumes ist das A und O. Die inzwischen selten gewordene Haselmaus bewegt sich nur in zusammenhängenden Hecken. Sind diese auch nur für wenige Meter unterbrochen, kann sie diesen Zwischenraum schon nicht mehr überwinden.

Nicht zuletzt eignen sich Hecken auch dazu, einen Hochsitz unauffällig in die Landschaft zu integrieren. Gut getarnt bietet das hölzerne Bauwerk dort die Möglichkeit, Wildschweine abzupassen, die sich nachts über die Maissaat hermachen wollen. Dann werden Jäger sprichwörtlich zu Heckenschützen – natürlich im positiven Sinne.

◆

Aktuell pflanzen und pflegen die Jäger jährlich 6.000 Kilometer Heckenstreifen, eine Strecke so lang wie die Chinesische Mauer. Für Biotoppflege und Artenschutz geben Jäger jährlich 86 Millionen Euro aus.

Es dauert fast 20 Jahre, bis eine Hecke ihren vollen ökologischen Wert erreicht.

86 Millionen Euro

Die Vernetzung dieses Lebensraumes ist das A und O.

6.000 Kilometer Heckenstreifen

Eine Strecke so lang wie die Chinesische Mauer.

09

Jäger haben den Durchblick

»Unscharf« bedeutet für Sie »schlecht gewürzt«? Sie verwechseln »weitsichtig« mit »vorausschauend«? Dann sollten Sie sich einmal genauer mit Ihrer Sehkraft auseinandersetzen und den altersbedingten Veränderungen ins Auge sehen.

Das Unheil näherte sich nicht schleichend, sondern traf mich unvorbereitet. Es war vor zwei Jahren, als ich von einem Tag auf den anderen auch dazugehörte: zu den Brillenträgern. Ich hatte gerade das Manuskript zu meinem Buch »111 Gründe, den Wald zu lieben« abgeschlossen, als ich merkte, dass ich beim Lesen den Arm länger ausstrecken musste als gewöhnlich. Andernfalls verschwommen die Wörter zu einer Buchstabensuppe. Lag beim Frühstück die Zeitung auf dem Tisch, konnte ich nicht mehr lässig den Kopf auf die Hände stützen – nein, ich saß aufrecht da mit hochgerecktem Hals, wie es sich Meister Knigge nicht hätte besser wünschen können.

Ich dachte zunächst, die vielen Nächte beim Schreiben am Computer wären schuld an der Misere. Beim nächsten Sammelansitz befragte ich einen befreundeten Jäger, seines Zeichens angehender Augenarzt. Ich schilderte kurz mein Problem und postwendend bekam ich meine Diagnose noch im Wald vor den lodengrünen Wams geknallt: »Du hast Presbyopie.«

Um Gottes willen, dachte ich mir. Habe ich mir mein Augenlicht ruiniert? Mein Jagdkamerad sah die Bestürzung in meinem Gesicht und versuchte, es für mich in einfachere Worte zu fassen: »Du wirst halt alt.« Dankeschön, das klingt auch nicht viel besser. Dann erklärte er mir, dass es sich bei der Presbyopie um die sogenannte Altersweitsichtigkeit, kurz: Alterssichtigkeit, handelt. Anfang bis Mitte 40 lässt die Krümmungsfähigkeit der Augenlinse so sehr nach, dass sie nahe Objekte nicht mehr scharf auf der Netzhaut abbilden kann. Die Anzahl der benötigten (Plus-)Dioptrien nimmt dann über die Jahre immer mehr zu, bis sie mit knapp 70 Jahren zum Stillstand kommt.

Gut, dass Johann Wolfgang von Goethe kein behandelnder Arzt war, denn seine Lösung war pragmatischer bis scherzhafter Natur: »Die einzige Methode, der Alterssichtigkeit zu entgehen, ist, jung zu sterben.«

Als ich meine Diagnose im Wald erfuhr, war ich 46 Jahre alt und zählte damit zu den 73 % der 45- bis 59-jährigen Deutschen, die eine Brille tragen müssen. Bei den über 60-Jährigen tragen sogar 92 % eine Sehhilfe.[24]

Wenn wir das einmal auf die Jägerschaft übertragen, kommen wir zu folgender Erkenntnis: Laut einer soziodemografischen Erhebung des Deutschen Jagdverbandes ist der durchschnittliche deutsche Jäger 57 Jahre alt, kratzt also fast die Sechzigermarke.[25] Man kann demnach davon ausgehen, dass etwa vier von fünf Jägern eine Brille tragen oder tragen sollten. Denn nicht jeder Deutsche trägt seine Brille regelmäßig. Von den rund 64 % der Brillenträger in der erwachsenen Bevölkerung tragen nur 36 % ihre Brille regelmäßig, die restlichen 28 % nur gelegentlich.[26] Dank der Dioptrienverstellung an den Okularen von Ferngläsern und Zielfernrohren ist das glücklicherweise auch nicht immer notwendig.

Während bei den älteren Menschen der Anteil der Brillenträger schon immer sehr hoch war, hat sich bei den jungen einiges verändert: 1952 waren erst 13 % der 21- bis 29-Jährigen Brillenträger; heute tragen bereits 35 % der

20- bis 29-Jährigen ständig oder gelegentlich eine Brille.[27] Bei dieser Fehlsichtigkeit handelt es sich natürlich nicht um die oben beschriebene Altersweitsichtigkeit, sondern um die Kurzsichtigkeit, auch Myopie genannt. Sie entsteht gewöhnlich im Schulalter, meist ab acht Jahren, und nimmt bis zum Alter von 20 bis 30 Jahren zu. Je früher sie beginnt, desto stärker ausgeprägt ist später die Myopie. Und da unsere Kinder heute fast schon mit dem Smartphone geboren werden, ist es kein Wunder, dass mittlerweile ein Drittel der Deutschen kurzsichtig ist. In China sind bereits mehr als die Hälfte aller Schulkinder kurzsichtig, Tendenz steigend. Ein Grund kann der höhere Leistungsdruck, speziell in asiatischen Ländern, sein. Die Augen haben einfach keine Zeit mehr, sich von der ganzen »Seh-Arbeit« zu entspannen. Dafür spricht die Tatsache, dass Kurzsichtigkeit mit höherem Schulabschluss ansteigt. Besser Gebildete tragen öfter Brillen. Tatsächlich: Das Klischee stimmt!

Was kann man dagegen tun, außer weniger aufs Display zu glotzen? Wissenschaftler fanden heraus, dass mehr Zeit im Freien und eine höhere Dosis an Tageslicht die Kurzsichtigkeit verringern. Und das Praktische ist, damit kann auch gleichzeitig einem zweiten Problem beim Nachwuchs entgegengewirkt werden: der zunehmenden Fettleibigkeit. Über die Zeit im Freien können wir Jäger uns nicht beklagen, über einen stärkeren Bauchumfang schon eher. Meistens haben wir uns den aber erst in späteren Jahren mühsam erarbeitet – aber dazu mehr in einem anderen Kapitel dieses Buches.

»Die einzige Methode, der Alterssichtigkeit zu entgehen, ist, jung zu sterben.«

Johann Wolfgang von Goethe

Nun geht die Kurzsichtigkeit immer mit negativen Dioptrien, die Weitsichtigkeit mit positiven Dioptrien einher. Man muss kein Mathematiker sein, um hier eine einfache Rechnung aufzumachen: Wenn die ganzen kurzsichtigen Kinder eines Tages Mitte 40 sind und die Alterssichtigkeit zuschlägt, müssten sich die Dioptrien doch einfach wieder aufheben und der gebildete, ältere Jäger sieht dann scharf wie ein Falke?

Leider nein, denn es handelt sich um zwei anatomisch völlig unterschiedliche Mechanismen: Bei der Kurzsichtigkeit verlängert sich der Augapfel, bei der Weitsichtigkeit versteift sich die Linse. Der Mensch kann deshalb auch gleichzeitig kurzsichtig und altersweitsichtig sein. Das ist ja wohl der volle Griff ins Klo. Man benötigt dann entweder eine zweite Brille oder teure Bifokal- oder Gleitsichtgläser. Wäre auch zu schön gewesen. Allenfalls tritt die Altersweitsichtigkeit bei Kurzsichtigen ein bisschen später auf, weil sie aufgrund ihres langen Augapfels die Linse für den Nahbereich nicht so stark verformen müssen. Umgekehrt wird aber die Alterssichtigkeit niemals eine Kurzsichtigkeit wettmachen. Also nichts mit Brille an den Nachwuchs verschenken.

Und noch etwas Interessantes fand die Gutenberg Gesundheitsstudie (GHS) heraus: Frauen sind öfters altersweitsichtig als Männer. Männer sind dagegen öfters kurzsichtig.[28] Heißt das jetzt, dass reife Frauen den nötigen Weitblick haben und Männer immer nur das Naheliegende erkennen?

Spaß beiseite, ein scharfes Sichtfeld ist für die Jagd unerlässlich. »Was du nicht kennst, das schieß nicht tot« – so heißt ein waidmännisches Gebot. Genauso gültig ist die Abwandlung: »Was du nicht erkennst …« Wer den Rehbock also nur noch von einer Geiß unterscheiden kann, wenn er lauscherhoch aufhat – übersetzt für Nichtjäger: ein Gehörn trägt, das so groß ist wie die Ohren –, der sollte dringend beim Augenarzt vorstellig werden. Zum Wohle des Wildes und zum Wohle des Pilzsammlers.

◆

Was du nicht (er)kennst, das schieß nicht tot.

Vier von fünf Jägern tragen eine Brille

oder sollten es zumindest tun.

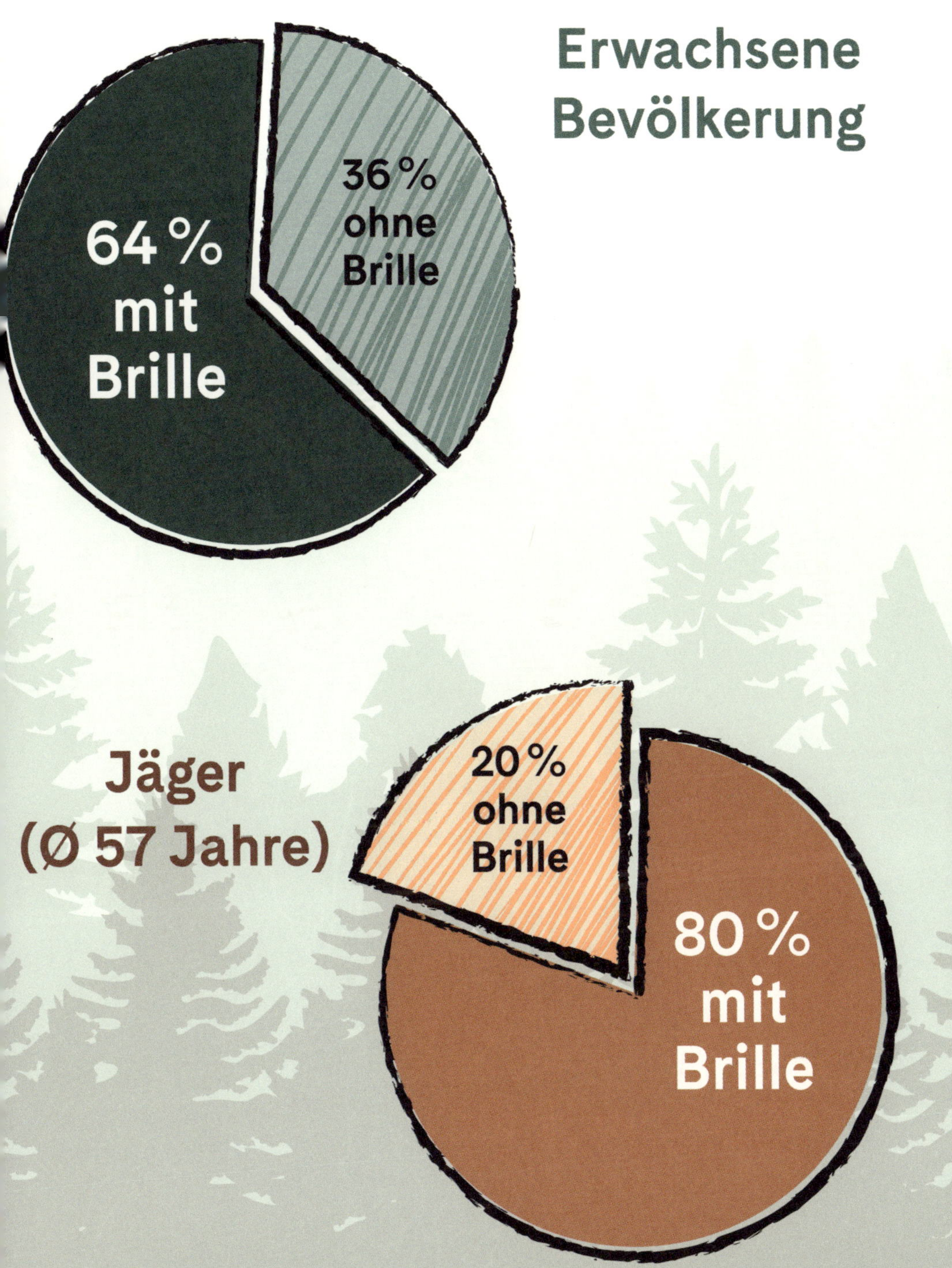
Erwachsene Bevölkerung
64 % mit Brille
36 % ohne Brille
Jäger (Ø 57 Jahre)
20 % ohne Brille
80 % mit Brille

10

Jäger leben länger

Sie glauben nicht, dass der Lebensabend von Jägern bis tief in die Nacht geht? Eine gewagte Theorie, aber vieles spricht dafür: frische Luft, gesundes Fleisch und bis an die Zähne bewaffnet … Von Querschlägern, Zecken und Alkohol einmal abgesehen.

Wenn Sie nicht selbst Jäger sind, dann sind Sie als Spaziergänger, Radfahrer oder Hundegassigänger sicher schon einem Waidmann begegnet. Ich vermute einmal, es war kein sportlicher Mittzwanziger mit Basecap und Goretex-Jacke, der Ihnen behände auf dem Waldweg entgegengeschritten ist. Vermutlich war es ein grauhaariger Rentner in patinierter Lodenjoppe, der Ihnen einen missmutigen Blick aus seinem Suzuki Jimney heraus zuwarf.

Sie wundern sich jetzt vielleicht, woher ich das weiß. Dazu habe ich einfach nur die Statistik bemüht, denn wären Sie dem Mittzwanziger über den Weg gelaufen, hätten Sie ein seltenes Jägerexemplar entdeckt. Denn im Bayerischen Jagdverband sind nur rund 6 % der Mitglieder zwischen 20 und 29 Jahren alt[29] und in den Landesjagdverbänden anderer Bundesländer sieht das ähnlich aus.

Bei dem jagenden Rentner ist die Wahrscheinlichkeit eines Aufeinandertreffens dagegen deutlich höher. Denn 38 % der deutschen Jäger sind über 65 Jahre alt.[30] Und graue Haare dürften sogar satte 70 % der bayerischen Jäger haben, die sind nämlich 50 Jahre oder älter.[31]

Diese Zahlen und auch Ihre Begegnung im Wald legen den Schluss nahe, die Jagd sei nur etwas für alte Männer. Meine These ist aber eine andere, nämlich: »Jäger leben länger.« Der frühere Präsident des Bayerischen Jagdverbandes, Prof. Dr. Jürgen Vocke, sagte beim Landesjägertag 2019 in Passau zu den geladenen Gästen: »Sie wundern sich vielleicht, warum hier nur alte Menschen sitzen. Das ist aber ganz einfach zu erklären: Wer einmal in den Jagd-

»Sie wundern sich vielleicht, warum hier nur alte Menschen sitzen. Das ist aber ganz einfach zu erklären: Wer einmal in den Jagdverband eintritt, tritt nicht mehr aus. Denn Jäger ist man auf Lebenszeit.«

Prof. Dr. Jürgen Vocke

verband eintritt, tritt nicht mehr aus. Denn Jäger ist man auf Lebenszeit.«

Und diese Lebenszeit scheint recht lang zu sein. Den 38 % Jägern über 65 stehen laut Statistischem Bundesamt nur 22 % der deutschen Gesamtbevölkerung entgegen.[32] Dieses Ungleichgewicht liegt sicher auch darin begründet, dass der durchschnittliche Jagdeinsteiger 35 Jahre alt ist. Es fehlen also die ganz jungen Altersklassen, die den Schnitt merklich drücken können. Die oben erwähnten 6 % bayerischer »Jungjäger« zwischen 20 und 29 Jahren stammen laut Enno Piening, Vorsitzender des BJV in Unterfranken, oft aus Jägerhaushalten, weshalb ihnen die Jagd in die Wiege gelegt sei. Das Gros der Jagdanfänger sei aber die Gruppe zwischen Anfang und Mitte 30.[33]

Diese Gruppe wird dafür immer größer. 2019 haben sich doppelt so viele Frauen und Männer zur Jägerprüfung angemeldet wie noch zehn Jahre zuvor. Erhalten sie nach erfolgreich abgelegter Prüfung den traditionellen Jägerschlag, ist das gleichzeitig die Berufung zum »Jäger auf Lebenszeit«. Und so werden später auch diese Jungjäger mit hoher Wahrscheinlichkeit einmal die Ü65-Fraktion personell verstärken.

Aber woran lässt sich meine provokante These »Jäger leben länger« denn festmachen?

Was in Japan schon länger bekannt ist, haben nun auch wir Deutschen begriffen. Es hat nur etwas länger gedauert, weil ohne Fakten glauben wir erstmal gar nichts. Nun gibt es aber zahlreiche Studien – nicht nur aus Japan –, die belegen, dass sich der Aufenthalt im Wald gesundheitsfördernd auswirkt. So erhöht ein Tag im Wald die Anzahl an Anti-Krebs-Zellen um 40 % und hält sieben Tage an. Außerdem senkt sich der Blutdruck und Stresshormone nehmen ab. Schon ein Ansitz pro Woche ist demnach die ideale Prophylaxe gegen Krebs- und Herz-Kreislauf-Erkrankungen – die zwei häufigsten Todesursachen in Deutschland. Ein weiterer zentraler Aspekt des sogenannten »Waldbadens« ist die Achtsamkeit. Damit ist das bewusste Wahrnehmen der Natur mit allen Sinnen gemeint. Auch das praktizieren die Jäger zwangsläufig bei jedem Ansitz gleich mit.

Nur Sitzen und Atmen reicht aber nicht, Bewegung ist angesagt, um die ganze Maschinerie in Gang zu halten und ein paar überflüssige Kalorien zu verbrennen. Auch hier sind Jäger gegenüber Nichtjägern im Vorteil. Während bei Letzteren der innere Schweinehund entscheidet, ob das Sofa verlassen wird oder nicht, entscheidet bei zwei von drei Jägern der echte Hund. Denn in 63 % aller Jägerhaushalten gibt es einen Vierbeiner, der bei jedem Wetter raus will – Jagdhunde kennen da kein Pardon.[34]

Weil ich gerade schon einmal die Kalorien gestreift habe, kommen wir doch direkt zur Ernährung. Dass Jäger gerne Fleisch verzehren, liegt in der Natur der Dinge. So sagen 47 % der Jungjäger, dass sie den Jagdschein machen, weil sie unter anderem gerne Wild essen.[35] Allerdings ist Fleischkonsum in rauen Mengen nicht zwangsläufig gesund, bei Wildbret sieht es aber anders aus: Denn

Wildfleisch gehört, wie ich an anderer Stelle gezeigt habe, aufgrund seines spezifischen Aufbaus und seiner Zusammensetzung zu den wertvollsten und gesündesten Lebensmitteln überhaupt. Wenig Fett, dafür jede Menge Eiweiß, Mineralstoffe, Vitamine und ungesättigte Fettsäuren.

Um an Wildfleisch zu gelangen, benötigen Jäger Waffen. Eine Tatsache, die ein Jägerleben verlängern, aber auch verkürzen kann. Hilft das Gewehr oder der Revolver dabei, sich vor einem angreifenden Keiler zu schützen, schenkt es dem Waidmann weitere Lebensjahre. Andererseits kann der glücklose Nimrod auf der nächsten Treibjagd selbst zum Ziel eines unachtsamen Mitjägers werden oder ein Querschläger bahnt sich den Weg ins Leben. Dann wird es nichts mit Ü65.

Und damit sind wir bei denjenigen Punkten angelangt, die einem langen Leben eher abträglich sind. Dazu gehören drei ganz fiese Krankheiten, mit denen sich der Jäger eher anstecken kann als andere Menschen: die von Zecken übertragene Frühsommer-Meningoenzephalitis, kurz FSME, eine durch Viren verursachte Form der Hirnhautentzündung. Zum anderen die Borreliose, eine bakterielle Infektionskrankheit, die ebenfalls durch einen Zeckenstich übertragen wird. Als dritte Krankheit bleibt noch die Tollwut. Die meisten Menschen denken, dass der Biss eines Fuchses die häufigste Übertragungsform ist. Tatsächlich gehen aber 99 % der weltweiten Ansteckungen auf Hunde zurück. Gerade Jagdhunde können in Kontakt mit infizierten Füchsen kommen. Sie selbst sind zwar in der Regel geimpft, übertragen das Virus aber zu Hause an ihren nichtsahnenden Besitzer.

Bleibt noch ein letzter Grund, der mehr oder weniger Teil des jagdlichen Brauchtums ist. Das sogenannte »Tottrinken«. Dazu gibt der Erleger eines Stück Wildes eine oder mehrere Runden Schnaps an die erfolglosen Mitjäger aus. Das Glas in der linken Hand haltend, wird dem Erleger mit einem »Waidmannsheil« zugeprostet. Das wiederholt sich meist mehrere Male, dann geht die angeheiterte Jagdgesellschaft mit geistreich geölter Stimme zum waidgerechten Liedgut über. Meist beginnt man mit dem Klassiker »Ein Horrido, ein Horrido, ein Waidmannsheil«. Die weitere Songauswahl hängt dann von der Textsicherheit der Jagdgruppe ab.

Vielleicht konnte ich mich mit diesen Ausführungen meiner These »Jäger leben länger« etwas annähern, beweisen kann ich sie natürlich nicht. Vielleicht sollte einfach öfters beim Tottrinken mit dem Trinkspruch »Auf ein langes Jägerleben!« angestoßen werden – das hilft bestimmt.

◆

Ein Jägerleben hat sowohl gesunde als auch ungesunde Komponenten.

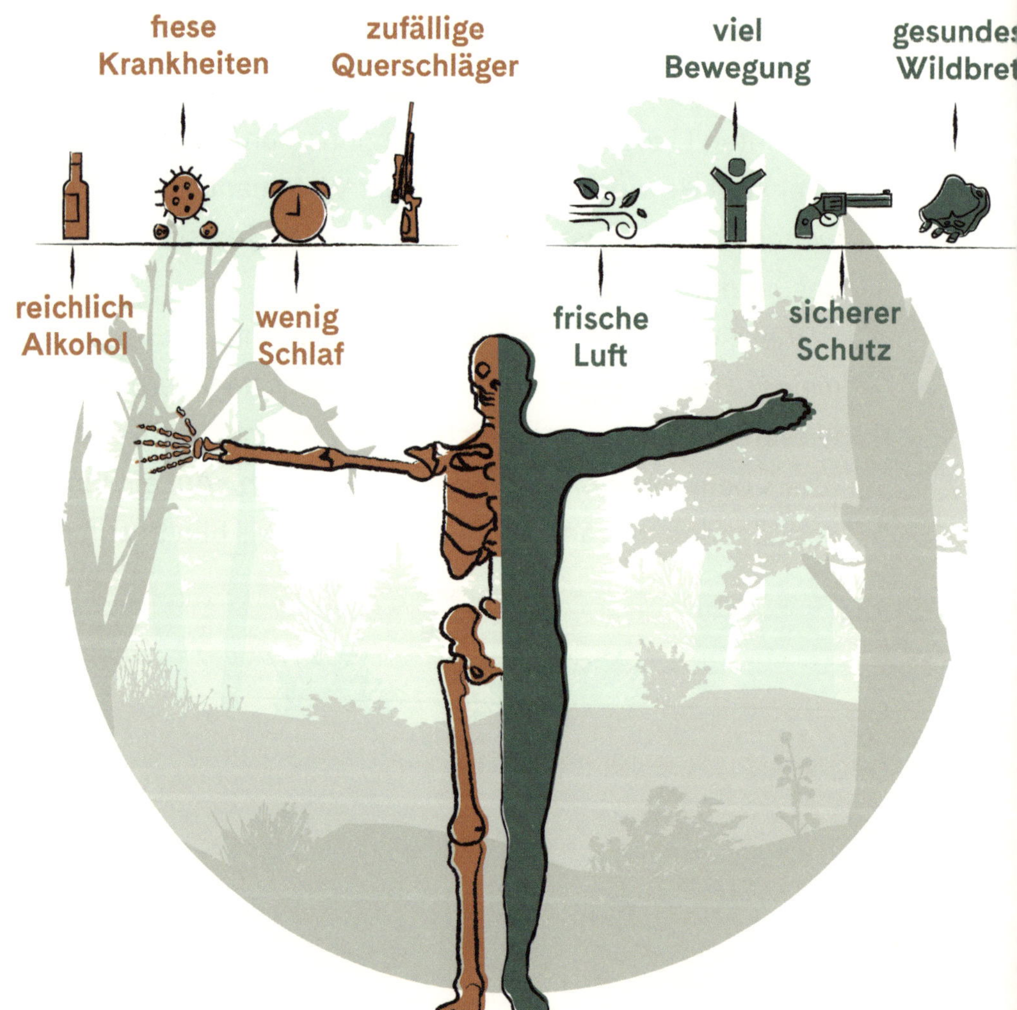

Um an Wildfleisch zu gelangen, benötigen Jäger Waffen. Eine Tatsache, die ein Jägerleben verlängern, aber auch verkürzen kann.

11

Blei oder bleifrei?

Wie halten Sie es mit »bleifreier Munition«? Haben Sie schon umgestellt oder tragen Sie noch eine »Alibipatrone« mit sich rum? Die Mehrheit der Jägerinnen und Jäger jedenfalls ist von den Bleikugel-Alternativen nicht sonderlich überzeugt. Zu Risiken und Nebenwirkungen fragen Sie am besten Ihren Standnachbarn.

Kaum ein Material wird so kontrovers diskutiert wie Blei. Das liegt in der Natur dieses Schwermetalls, denn es dürfte mindestens so viele Vorteile wie Nachteile haben. Die Nachteile waren zu früheren Zeiten noch nicht bekannt, weshalb Blei eines der wichtigsten und meistverwendeten Metalle war. So wurden Trinkwasserrohre bis in die Siebzigerjahre aus Blei gefertigt, woher auch die englische Bezeichnung für Klempner stammt: »plumber«, engl. für Blei. Als sogenannter Bleizucker wurde bis zum 19. Jahrhundert Blei(II)-Acetat als Süßungsmittel dem Wein beigemischt. Mit diesem Trick avancierte der saure Backenkneifer zu einer lieblichen Spätlese. Ludwig van Beethoven trank laut seinen Biografen viel und regelmäßig – vor allen Dingen billigen Weißwein. In Knochen und Haaren des Komponisten wurde eine exorbitante Bleikonzentration gemessen. Glaubt man der bekannten Redensart, klagte er vermutlich auch über schwere Beine.

Und natürlich wurde Blei beim Militär verwendet. Bereits römische Legionäre setzten kleine Bleistücke als Schleudergeschoss ein, die sogenannten »Schleuderbleie«. Mit Erfindung der Feuerwaffen war Blei erste Wahl für die Kugeln der Vorderlader und später – meist mit Tombakmantel – für die Projektile der Hinterlader. Besonders deren hohe Dichte und die damit verbundene Durchschlagskraft überzeugte die Streitkräfte. Zudem war das Material weich und dadurch leicht zu verarbeiten.

Auf der Jagd bewährten sich die Bleigeschosse ebenfalls. Im Gegensatz zu den meisten Alternativen besitzt

Blei auch auf weite Entfernungen noch ausreichend Energie im Ziel und vor allem eine gute Energieabgabe im Wildkörper. Beide Faktoren führen zu einem schnellen Verenden des Wildes. Ein wichtiger Tierschutzaspekt, denn hiermit verhindert man unnötige Schmerzen und entspricht damit der Forderung des §4 TierSchG: »Ist die Tötung eines Wirbeltieres ohne Betäubung im Rahmen waidgerechter Ausübung der Jagd ... zulässig ..., so darf die Tötung nur vorgenommen werden, wenn hierbei nicht mehr als unvermeidbare Schmerzen entstehen.«

Leider erfüllen alle bekannten Alternativen – wie Kupfer bei Büchsengeschossen oder Zink bei Schrotkugeln – diesen Aspekt schlechter, sie verfehlen damit einen zentralen Anspruch der waidgerechten Jagdausübung. Auch von gefährlichen Abprallern hört man bei bleifreier Munition immer wieder. Nun gibt es aber den einen, ganz großen Nachteil von Blei: seine Toxizität. Es soll krebserregend sein, die Nierenfunktion reduzieren und bei Kindern die Entwicklung des Nervensystems schädigen. Blei reichert sich im Körper an und kann so zu einer schleichenden Vergiftung führen. Quellen sind Wildbret, das mit bleihaltiger Munition erlegt wurde, aber auch Gemüse, das Schwermetalle aus Luft und Erde aufnimmt. Wir Menschen sind aber nicht die Einzigen am Ende der Nahrungskette. Aasfresser, wie zum Beispiel der Seeadler, bedienen sich an Aufbrüchen von Tieren, die mit bleihaltigen Geschossen erlegt wurden. Auch gründelnde Enten und andere Wasservögel schlucken Schrotkügelchen bei der Nahrungsaufnahme.

Nun gibt es aber den einen, ganz großen Nachteil von Blei: seine Toxizität. Es soll krebserregend sein, die Nierenfunktion reduzieren und bei Kindern die Entwicklung des Nervensystems schädigen.

Diese direkte und indirekte Aufnahme ist laut einer Schätzung der Europäischen Chemikalienagentur ECHA der Hauptgrund, warum in der EU jährlich rund ein bis zwei Millionen Vögel an Bleivergiftung sterben.[36] Noch gibt es kein einheitliches Gesetz in Deutschland, das bleihaltige Munition verbietet.[37] Aktuell ist es von Bundesland zu Bundesland immer noch unterschiedlich geregelt, mit welcher Munition geschossen werden darf. In Schleswig-Holstein, Nordrhein-Westfalen, Baden-Württemberg und dem Saarland ist die Jagd mit bleihaltigen Büchsengeschossen komplett verboten. In allen anderen Bundesländern – außer in Thüringen, Bayern und Sachsen-Anhalt – muss zumindest im Staatsforst bleifrei geschossen werden.

Was dagegen die Verwendung von Bleischrot in der Nähe von Gewässern betrifft, herrscht in Deutschland weitestgehend Einigkeit: In den sogenannten Wetlands darf nur mit bleifreier Schrotmunition gejagt werden. Trotzdem zeigt auch diese Lösung Schwächen: Im Jahre 2018 hat eine Studie der Technischen Universität München gezeigt, dass einige der bleifreien Alternativen für Gewässerorganismen sogar toxischer sind als die konventionelle Bleimunition. So lautet das Fazit der Studie: »Wenn aus Umweltschutzgründen ein Verbot von Bleischrot gefordert wird, müssten nach aktuellem Wissensstand unbedingt auch die Metalle Kupfer und Zink für die Schrotherstellung verboten werden.«[38]

Dazu kommen noch andere Aspekte: Nicht jede Flinte verträgt das harte Eisen. Deshalb liegen viele alte, wunderbar gravierte Flinten wie Blei in den Regalen der Gebrauchtwaffenhändler. Keiner will sie mehr haben, sie würden der Materialbelastung auf Dauer nicht standhalten.

Trotz der erkennbaren Notwendigkeit und aller gesetzlichen Vorgaben konnte in der Praxis bleifreie Munition die Jägerinnen und Jäger nicht überzeugen. Zu viele Kompromisse sind in puncto Sicherheit, Tötungswirkung und Systemverträglichkeit einzugehen. Ein Beispiel: Bei meinem aktuellen Gewehr im Kaliber .308 Win. habe ich auf dem Schießstand etwa acht verschiedene bleifreie Laborierungen durchprobiert und bei allen war die Präzision nicht zufriedenstellend. Erst die neunte Munitionssorte erbrachte ein halbwegs akzeptables Ergebnis. Damit habe ich zwischenzeitlich etwa 30 Rehe erlegt und viele davon flüchteten nach dem Schuss noch zwischen 60 und 100 Meter. Viel zu weit für eine verantwortungsvolle, tierschutzgerechte Jagdausübung.

Offensichtlich haben viele Jäger ähnliche Erfahrungen gemacht und vertrauen deshalb lieber den klassischen, bleihaltigen Jagdgeschossen. Das zeigt eine Umfrage des Deutschen Jagdverbandes, laut der 36 % der befragten Jäger von bleifrei wieder auf bleihaltig zurückwechselten.[39] Jeder Zweite gab als Grund an, dass Präzision und Tötungswirkung unzureichend waren.[40] Die geschätzten Verkaufszahlen von Deutschlands führendem Jagdausstatter sprechen eine noch deutlichere Sprache: 70 % der Kunden greifen zu bleihaltiger Munition und nur 30 % geben bleifreier Munition den Vorzug. Interessanterweise

Nicht jede Flinte verträgt das harte Eisen. Deshalb liegen viele alte, wunderbar gravierte Side-by-Sides wie Blei in den Regalen der Gebrauchtwaffenhändler.

Trotz der erkennbaren Notwendigkeit und aller gesetzlichen Vorgaben konnte in der Praxis bleifreie Munition die Jägerinnen und Jäger nicht überzeugen. Zu viele Kompromisse sind in puncto Sicherheit, Tötungswirkung und Systemverträglichkeit einzugehen.

---

wird selbst in der schleswig-holsteinischen Filiale Kaltenkirchen zu etwa 60 % bleihaltige Munition gekauft. Dabei ist in diesem Bundesland der Einsatz bleihaltiger Munition verboten. Viele der Schleswig-Holsteiner scheinen in einem benachbarten Bundesland zur Jagd zu gehen ...

Wenn es nach der EU-Kommission geht, soll mit diesem Katz- und Mausspiel bald Schluss sein. Deshalb beauftragte sie die Europäische Chemikalienagentur damit, »einen Vorschlag für ein Verbot des Verkaufs und der Verwendung von Bleimunition (Schrot und Projektile)« zu erarbeiten. Sie verwies dabei auf die Gefahren, die von Bleimunition für Wild und Mensch, also auch über den Fleischverzehr, ausgehen – einschließlich der Munition für das Scheibenschießen.

Erklärtes Ziel der Kommission ist es, jede bleihaltige Munition in der Europäischen Union zu verbieten. Also nicht nur für die Jagd, auch für Sport- und Freizeitschützen – und zwar ohne Übergangsfristen. Damit haben Industrie, Handel, Verbände oder die betroffenen Zielgruppen kaum Zeit, auf diese Entscheidung zu reagieren. Das würde bedeuten, dass Jäger auf die heute existierenden Alternativen zurückgreifen müssen, deren Wirksamkeit umstritten und deren eigene Toxizität zum Teil noch gar nicht ausreichend erforscht ist. Die Zukunft der Jagdmunition ist also wie Bleigießen – wir wissen nicht, was am Ende dabei herauskommt.

◆

70 % der Kunden greifen zu bleihaltiger Munition und nur 30 % geben bleifreier Munition den Vorzug. Selbst in »bleifreien« Bundesländern wird zu 60 % bleihaltige Munition gekauft.

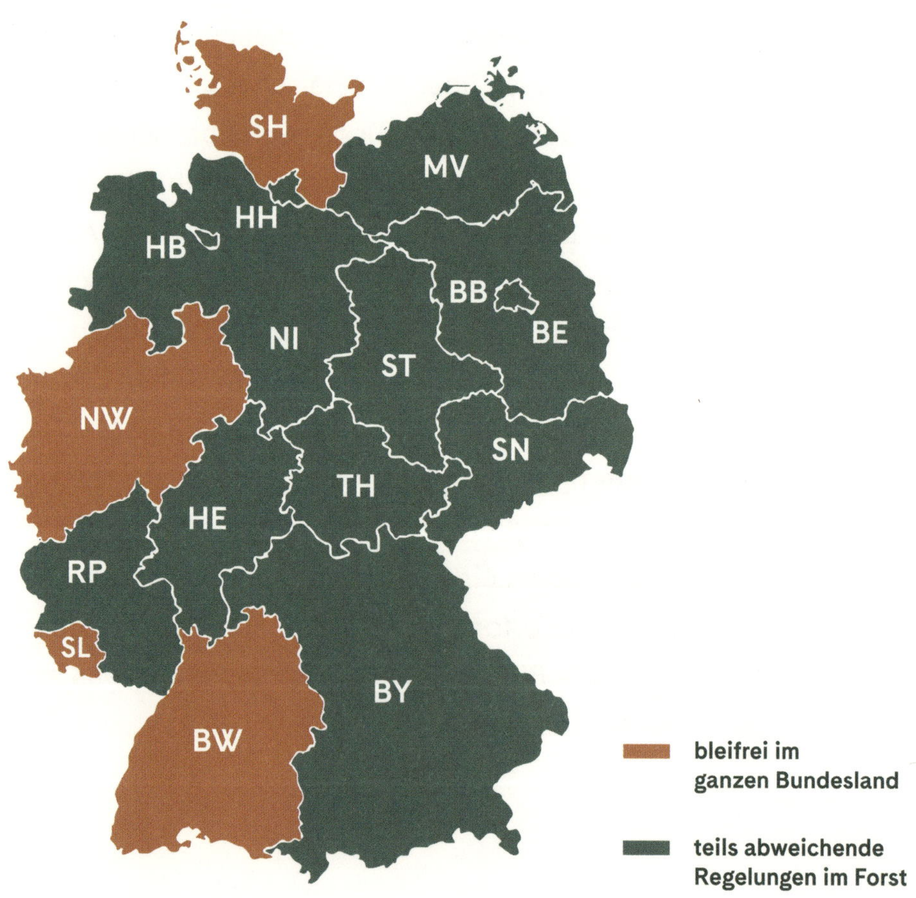

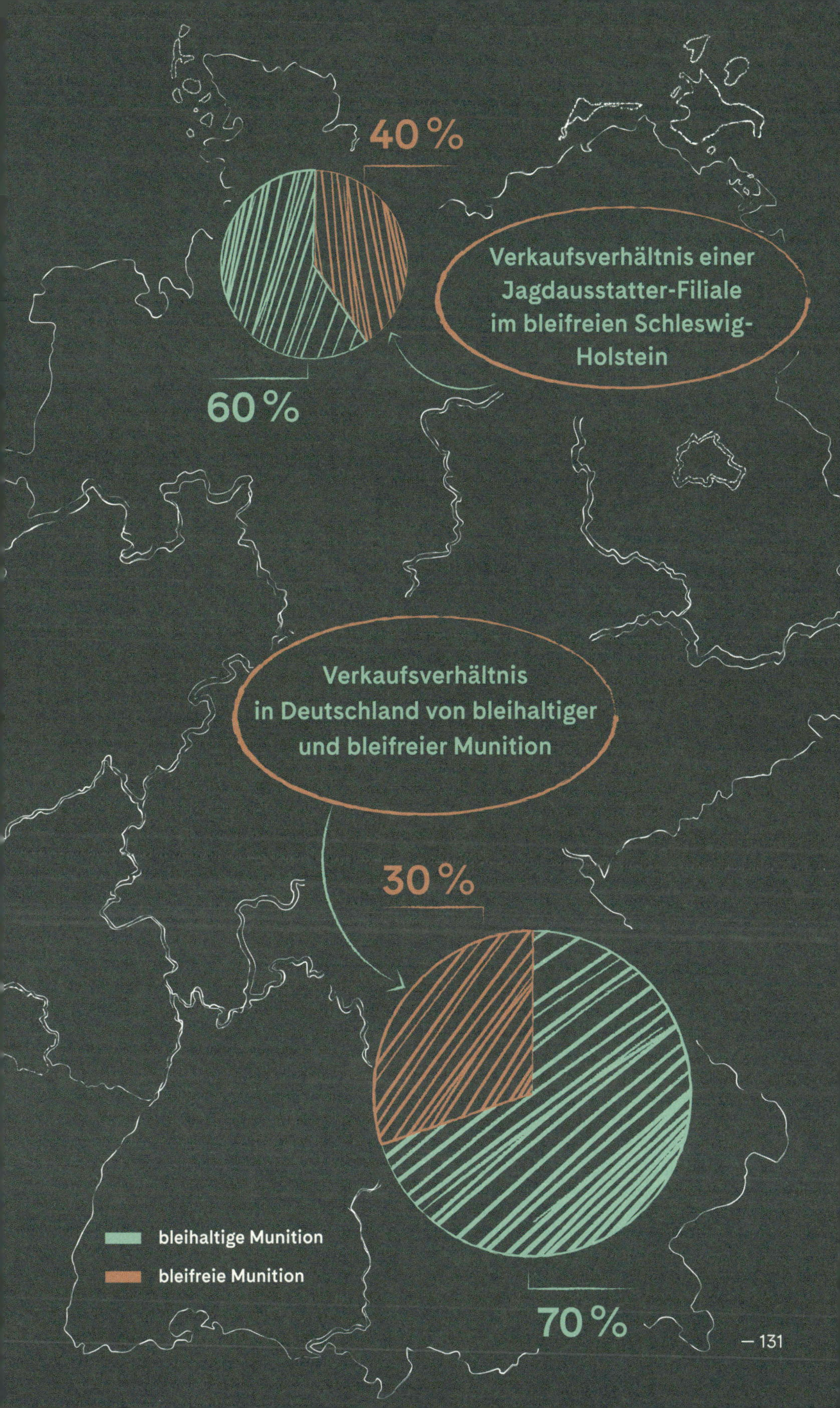
40 %
Verkaufsverhältnis einer Jagdausstatter-Filiale im bleifreien Schleswig-Holstein
60 %
Verkaufsverhältnis in Deutschland von bleihaltiger und bleifreier Munition
30 %
70 %
bleihaltige Munition
bleifreie Munition

12

Einstiegsdroge Hund

Wussten Sie, dass es oft Hunde sind, die Frauen zum Jagdschein führen? Wenn sie den ersten Welpen streicheln, ist der erste Joint geraucht. Und auch später schaffen sie es ohne harte Drogen: Den Mix aus Zuneigung, Ausdauer und Konsequenz haben Hundeführerinnen einfach besser drauf.

Frauen auf der Jagd – was früher die große Ausnahme war, wird immer mehr zur Selbstverständlichkeit. Um es in Zahlen auszudrücken: Während vor 25 Jahren gerade einmal 1 % der Jäger weiblich war, sind es heute bereits 7 %. Tendenz stark steigend. In den Jägerkursen sitzen heute durchschnittlich ein Viertel Frauen. Es gibt sogar Kurse, in denen das Geschlechterverhältnis bei 1:1 liegt. Das schwache Geschlecht wird in der traditionellen Männerdomäne also zunehmend stärker.

Nicht jedem Waidmann gefällt das. Er vermisst das Herrenabend-Ambiente in der Jagdhütte, mit Prahlerei, derben Witzen und manchem rustikalen Geräusch. Dabei scheint es sich bei diesen klassischen, vom Aussterben bedrohten Herrenrunden um etwas Ähnliches wie Gesundheitsvorsorge zu handeln. Zumindest behauptet das eine (mehr oder weniger ernst gemeinte) Studie, von der ich im Radiosender Bayern 1 gehört habe: Danach sollen zwei Herrenabende pro Woche der psychischen Gesundheit verheirateter Männer zuträglich sein.

Meine Erfahrung ist, dass die meisten Jagdkollegen keinen großen Wert auf reine Männerrunden legen, sondern die Jüngerinnen Dianas als willkommene Bereicherung ansehen. Klar doch! Für ledige Grünröcke beiderlei Geschlechts bietet sich vielmehr die Möglichkeit, das Angenehme mit dem Nützlichen zu verbinden: nämlich jagen zu gehen und möglicherweise einen gleichgesinnten Partner zu finden. Also Pirschen im doppelten Wortsinn. Das spart Zeit, Gesprächsthemen gibt es genug und die Frage nach den Hobbys erübrigt sich ebenfalls.

Man kann durchaus eine leichte Balzstimmung spüren, wenn eine hübsche Waidfrau das Rudel der alten Platzhirsche aufmischt. Die meisten Jägerinnen reihen sich einfach ein und gehen damit sehr gelassen um. Und wenn eine Dame draußen im Revier ihr Handwerk beherrscht und sich nicht jeden Handgriff abnehmen lässt, wird das zweite X-Chromosom schnell zur Nebensache.

Um bei den Jägerkursen zu bleiben: Wenn sich Frauen zur Teilnahme entschließen, gehen sie die Sache erfahrungsgemäß mit aller Energie an. Das zahlt sich aus. Sie gehören fast immer zu den Besten bei der Prüfung. Anders als manche Männer, die sich auf ihr vermeintlich jagdliches Gen verlassen, pauken sie fleißig den umfangreichen Stoff. Und es kommt Dicke: Mindestens 120 Stunden Theorie über Biologie von Flora und Fauna, Fleischhygiene, Waffenrecht und -handhabung, Naturschutz, Artenschutz, Biotopgestaltung, Jagdbetrieb, Hundewesen oder Lebensmittelrecht. Mag sein, dass die kritischen Blicke der männlichen Kollegen einen zusätzlichen Ansporn darstellen. Lediglich beim Schießen gibt es ab und zu mal Probleme, häufig weil die Trainings- und Prüfungswaffen von ihren Abmessungen her für Männer gedacht sind.

Generell interessieren sich immer mehr Deutsche dafür, das Grüne Abitur abzulegen, wie die Jägerprüfung aufgrund ihres hohen Anspruchs auch genannt wird. Die

Anzahl der Jagdscheininhaber ist in den letzten 30 Jahren um 25 % angestiegen. Aber woran liegt es eigentlich, dass immer mehr Menschen mit dem Gewehr durch Wald und Flur ziehen möchten? Nach ihren Gründen gefragt, gaben 78 % der Männer und 77 % der Frauen an, gerne in der Natur zu sein. Dafür allein benötigt es noch keinen Jagdschein. Also versuchen wir, mit den nachgelagerten Gründen das Hauptmotiv weiter aufzudröseln. Auf Platz zwei steht für 55 % der Männer und 53 % der Frauen der angewandte Naturschutz. Bei Frauen liegt Wildbret auf Platz drei, bei Männern erst auf Platz vier.[41]

Am deutlichsten wird der Unterschied jedoch beim Thema Jagdhund. Für 36 % der Frauen ist die Ausbildung eines Jagdhundes der Grund, den Jagdschein zu machen. Unter den Männern interessiert das nur 12 %. »Für Männer steht die Geselligkeit bei der Jagd weiter im Vordergrund«, sagt Torsten Reinwald, Pressesprecher des Deutschen Jagdverbandes – womit wir wieder bei dem Thema »Jagdhütte« wären.

Viele Frauen sind erst auf den Hund und dann zur Jagd gekommen. Das weibliche Geschlecht hat einfach ein feines Händchen für die Führung unserer vierläufigen Jagdhelfer. Häufig ist die Ausbildung eines Jagdhundes die »Einstiegsdroge« für den Trip zur Jagd. Denn wer einen Hund auf den Prüfungen vorstellen will, braucht nun mal die Jagdlizenz. Im Übrigen spielt Härte beim Hundetraining durch Frauen eine deutlich geringere Rolle als bei den Herren der Schöpfung. Das Wichtigste sind: Zuneigung,

In den Jägerkursen sitzen heute durchschnittlich ein Viertel Frauen. Es gibt sogar Kurse, in denen das Geschlechterverhältnis bei 1:1 liegt.

Für 36 % der Frauen ist die Ausbildung eines Jagdhundes der Grund, den Jagdschein zu machen. Unter den Männern interessiert das nur 12 %.

Ausdauer und Konsequenz. Diesen Mix haben Hundeführerinnen einfach besser drauf.

Apropos Zuneigung und Konsequenz: Eine Kantar EMNID-Umfrage aus dem Jahr 2018 ergab, dass bei 41 % der Frauen der Hund aufs Sofa darf, bei den Männern erlauben das nur 32 %. Ganze 35 % der Frauen lassen sich gerne morgens von ihrem Vierbeiner wecken, von den Männern mögen das nur 25 %. Das Tolle ist doch, dass der Fellnase ein bisschen Mundgeruch nichts ausmacht. Die interessanteste Frage möchte ich Ihnen natürlich nicht vorenthalten: Welches Geschlecht lässt seine »Wärmflasche« wohl häufiger im Bett schlafen? Die Antwort lautet: Frauen 23 %, Männer 15 %.[42] Wie sich das dann im Ehebett verhält, geht aus der Umfrage leider nicht hervor.

Dass Frauen ein großes Engagement beim Führen von Jagdhunden zeigen, belegen auch Zahlen des Vereins Brauchbarer Jagdhund e. V. (VBJ), der jedes Jahr Brauchbarkeitsprüfungen abhält. Eine Anfrage beim Vorstand bestätigte meinen persönlichen Eindruck: Jeder zweite Prüfungsteilnehmer der Jahre 2018/2019 war weiblich. Es war sogar öfters der Fall, dass der Ehemann oder Partner Eigentümer des Hundes war, das Abführen jedoch dem geduldigen Geschlecht überlassen wurde. Fast wie bei der Kindererziehung, wo der Vater gerne erst mal nach der Pubertät ins Geschehen einsteigt.

Noch ein Blick über den grünen Tellerrand gefällig? Ich war viele Jahre mit meinem zugleich jagdlich geführten Weimaraner in einer Rettungshundestaffel aktiv. Dort sind die Herren der Schöpfung deutlich unterrepräsentiert, um nicht zu sagen: eine Randgruppe. 82 % der aktiven Hundeführer sind weiblichen Geschlechts und stets mit vollem Einsatz bei der Sache. Einige der Hundegespanne haben zwischenzeitlich sogar den Jagdschein in der Tasche, sind also auch über die »Einstiegsdroge Hund« zur Jagd gekommen.

Während bei der Rettungshundearbeit die Vierbeiner körperlich wie geistig ordentlich ausgelastet werden, fristen viele Jagdhunderassen in Nichtjägerhand ein trauriges Dasein. Oft wurden sie rein nach optischen Gesichtspunkten gekauft, ohne dass sich das zukünftige Frauchen oder Herrchen weitergehend mit den Ansprüchen der Rasse beschäftigt hatte. Als Welpe werden sie geknuddelt und gedrückt und die ganze Familie ist glücklich. Folgen die Hunde dann später aber ihrem angewölften Jagdtrieb, werden sie nicht selten als »Problemhund« abgestempelt und landen im Tierheim. Ich zolle denjenigen Hundebesitzern hohen Respekt, die in diesem Fall den anderen, schwierigen Weg einschlagen: nämlich ihren eigenen Fehler wiedergutmachen. Sie enttäuschen nicht das Vertrauen ihres Vierbeiners und tauschen ihn einfach aus. Nein, sie arbeiten an sich selbst und werden zum Jäger, um ihrem Jagdhund ein artgerechtes Leben zu ermöglichen. Chapeau!

◆

Lediglich beim Schießen gibt es ab und zu mal Probleme, häufig weil die Trainings- und Prüfungswaffen von ihren Abmessungen her für Männer gedacht sind.

Häufig ist die Ausbildung eines Jagdhundes die »Einstiegsdroge« zum Waidwerk.

»Jägerinnen mit Hund sind im Anmarsch.«

Geschlechterverhältnis bei Jagdkursen

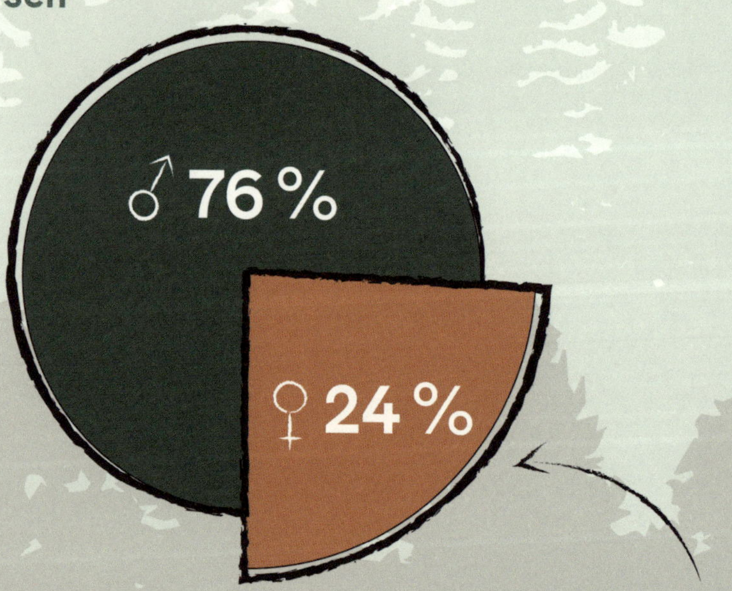

36 % davon machen den Jagdschein wegen eines Hundes.

Das Abführen des Hundes zur Prüfung wird gerne dem geduldigen Geschlecht überlassen.

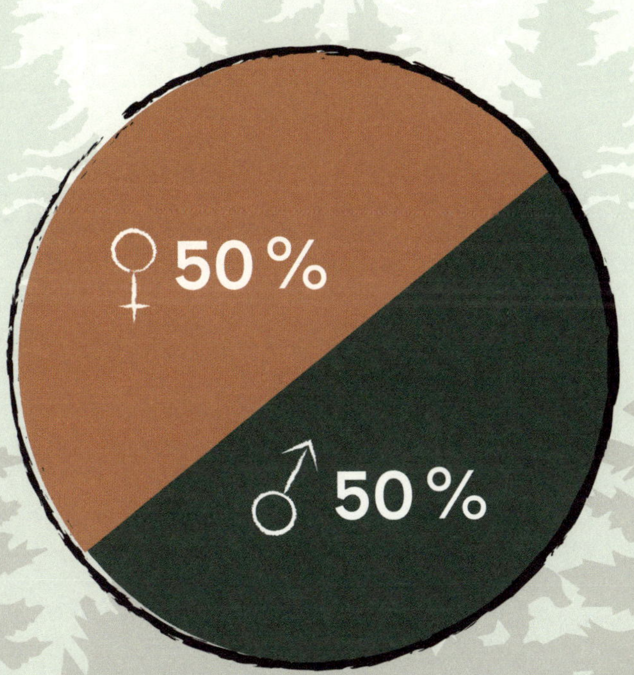

13

Das Fadenkreuz auf dem Kühler

Werden Sie auch regelmäßig zu Wildunfällen gerufen? Meistens an denselben Stellen? Trotzdem rasen viele nach dem Motto: »Wenn ich schneller fahre, wechselt das Wild hinter mir über die Straße.«

Zwei Kreisstraßen zerschneiden den Wald in meinem Jagdrevier. Das Verkehrsaufkommen ist nicht sonderlich hoch, nur etwa alle 10 Minuten hört man ein Motorengeräusch lauter und dann wieder leiser werden. Aber das reicht schon, damit die Straße jedes Jahr für zehn Rehe zur Regenbogenbrücke ins Jenseits wird. Von diesen zehn Wildunfällen meldet sich nicht einmal die Hälfte der Unfallverursacher bei mir als Jagdpächter oder bei der Polizei. Und die Zahl angefahrener Tiere ist noch weitaus größer. Ein leichtes Touchieren muss noch zu keinem Schaden am Auto führen, das Tier kann aber so schwer verletzt sein, dass es einen tagelangen Todeskampf führt! Es ist mir unerklärlich, wie diese Menschen es vor sich selbst verantworten können, unsere Mitgeschöpfe einfach ihrem Schicksal zu überlassen. Ich glaube, es ist neben Ignoranz oft auch Unwissenheit.

Dazu möchte ich Ihnen einen aktuellen Fall berichten: Vor zwei Wochen rief mich eine junge Frau gegen Mittag an, um mir mitzuteilen, dass sie gestern Nacht auf der Landstraße ein Reh mit dem Fahrzeug gestreift hätte. Es sei aber weitergelaufen, soweit sie das in der Dunkelheit sehen konnte, deshalb habe sie sich auch nicht gemeldet. Nach dem Wildkontakt sei sie nach Hause gefahren und habe ihr Auto vor der Türe abgestellt. Als sie ihrem Freund davon am nächsten Morgen erzählte, schaute dieser sich die Frontschürze an und bemerkte eine kleine Delle und etwas Grünes auf dem weißen Lack, vermutlich Gras, meinte sie. Ich bat sie, mir ein Foto per Whatsapp zu schicken,

Von zehn Wildunfällen meldet sich nicht einmal die Hälfte der Unfallverursacher. Es ist mir unerklärlich, wie diese Menschen es vor sich selbst verantworten können, unsere Mitgeschöpfe einfach ihrem Schicksal zu überlassen.

weil ich schon so eine Ahnung hatte. Sie schickte mir das Bild mit dem Wunsch: »Hoffentlich hat das Reh nichts!« Aber tatsächlich entpuppte sich das vermeintliche Gras als Panseninhalt. Ein Jagdkollege machte sich gleich auf zur Nachsuche und fand das Reh nicht weit entfernt verendet im Acker liegend – von Fuchs und Krähen bereits stark angeschnitten. Die junge Frau war danach sehr bestürzt, weil sie das Reh doch noch habe weglaufen sehen.

So wie dieser jungen Frau geht es in Deutschland jedes Jahr rund 268.000 Autofahrern. Rechnerisch kollidiert damit alle zwei Minuten ein kaskoversicherter PKW mit einem Wildtier.[43] Die Dunkelziffer verunfallter Säugetiere liegt jedoch um ein Vielfaches höher, da schwächeres Haarwild wie Feldhasen oder Rotfüchse selten vom Autofahrer gemeldet werden – sie verursachen meist keine Schäden am Fahrzeug. Von Kleintieren wie Igel, Kröten und Vögel ganz zu schweigen.

Unter der Vielzahl der Opfer trifft es nicht jede Wildart gleich häufig: Laut einer Statistik des Deutschen Jagdverbandes sind unter den Paarhufern mit rund 82 % besonders häufig Rehe die Gelackmeierten.[44] Das liegt nicht nur an ihrer relativen Häufigkeit, sondern auch an ihrer unklugen Gewohnheit, unvermittelt auf der Straße stehen zu bleiben und ins Scheinwerferlicht zu blicken wie das Kaninchen vor der Schlange. Da Rehe oft zu mehreren unterwegs sind, werden Autofahrern häufig nachfolgende Tiere zum Verhängnis, mit deren Auftauchen sie gar nicht mehr gerechnet haben. So folgt dem ersten Schreck gleich der zweite auf dem Fuße. Besonders gefährlich sind nach Daten des Gesamtverbandes der Deutschen Versicherungswirtschaft (GDV) die Monate April und Mai sowie die Monate Oktober bis Dezember. In den Frühjahrsmonaten spielt besonders das Territorialverhalten der Rehböcke eine Rolle, die keine Nebenbuhler in ihrem Revier dulden und diese vertreiben – die Flucht führt dabei oft über Straßen. Mangels eigenen Reviers bleibt manchem Jährling nichts anderes übrig, als sein Quartier am Straßenrand aufzuschlagen, um vor den Attacken des Platzbocks sicher zu sein.

Ein zweiter wichtiger Faktor ist die Zeitumstellung. Was für manchen Menschen schon problematisch ist, wird für Wildtiere zu einem richtigen Dilemma. Denn sie orientieren sich am Tageslicht und kennen das Vor- und Zurückstellen der Uhrzeiger nicht: Während sie vortags die Straße in der Dämmerung noch gefahrlos überqueren konnten, braust nach der Zeitumstellung plötzlich der Berufsverkehr über die Fahrbahn. So ist im April die morgendliche Wildunfallgefahr um 60 % höher als im März.

Wenn auch nicht so häufig wie Rehwild, beteiligen sich Wildschweine mit immerhin knapp 15 % an der Wildunfallbilanz. Weit weniger häufig laufen das seltener vorkommende Damwild (1,7 %) und das Rotwild (1,3 %) vors Auto.[45] Durch das höhere Körpergewicht und den massiven Körperbau von Hirschen und Schwarzkitteln führt der Zusammenstoß mit diesen Tierarten dafür grundsätzlich zu höheren Schäden. Durchschnittlich beläuft sich der

Der Blechschaden eines Wildunfalls beläuft sich im
Schnitt auf etwa 2.800 Euro.

Blechschaden eines Wildunfalls auf mehr als 2.800 Euro. Insgesamt mussten im Jahr 2018 die deutschen Kfz-Teilkaskoversicherer 757 Millionen Euro an Leistungen für Wildschäden zahlen.[46]

Wie können sich Autofahrer aber vor Wildunfällen schützen? Langsamer fahren wäre eine Möglichkeit, um den Bremsweg zu verkürzen. Ich möchte noch einmal auf die Kreisstraße in meinem Revier zurückkommen: Obwohl am Waldeingang Schilder auf die Gefahr des Wildwechsels hinweisen, denkt kaum einer der Wagenlenker im Traum daran, den Fuß vom Gas zu nehmen. Zu Beginn meiner Jagdpacht dachte ich noch an einen Hochzeitskonvoi, bis ich nach einigen Wiederholungen das Prinzip der Asphaltrowdies erkannte: Die Raser hupten einfach unablässig während der Waldpassage, um mögliches Wild zu verscheuchen.

Zum Schutz von Mensch und Tier versuchen Jäger durch das Anbringen von Wildwarnreflektoren an den Leitpfosten, das Wild vor herannahenden Autos zu warnen. An vielen Autobahnabschnitten verhindern Wildzäune das Überqueren der Fahrbahn. Für das gezielte Anbringen von Schutzmaßnahmen ist es sinnvoll, zunächst einmal die gefährlichsten Stellen zu kennen. Dazu riefen der Landesjagdverband Schleswig-Holstein und die Christian-Albrechts-Universität in Kiel das Tierfund-Kataster ins Leben. Der DJV hat das Projekt 2016 auf ganz Deutschland ausgeweitet. Damit gibt es jetzt zum ersten Mal die Möglichkeit, Wildunfälle bundesweit einheitlich zu erfassen.

Vorrangiges Ziel des Projektes ist es, gemeinsam mit Wissenschaftlern Schwerpunkte und Ursachen für Wildunfälle zu ermitteln. Diese Daten können Behörden dann nutzen, um die gefährlichsten Straßenabschnitte zu entschärfen – an Autobahnen zum Beispiel durch den Bau von Wildbrücken. Mitmachen kann jeder Verkehrsteilnehmer, eine einmalige Registrierung genügt. Wildunfälle können dann einfach über die App oder die Internetseite www.tierfund-kataster.de eingegeben werden. Aktuell beteiligen sich schon 16.000 Menschen an dem Projekt (Stand April 2020).

»Wenn ich schneller fahre, wechselt das Wild hinter mir über die Straße.« Besonders Fahrern PS-starker Boliden erscheint dieses Motto plausibel. So haben Kraftfahrzeuge zwischen 251 und 300 PS das höchste Schadensrisiko, wohingegen Fahrzeuge unter 75 PS am wenigsten oft betroffen sind. Demzufolge wundert es nicht, dass sich beim Anmelden von Kasko-Schäden die Premium-Fahrzeughersteller die Klinke in die Hand geben. Ganz vorneweg BMW, Audi, Skoda und Mercedes.[47] Egal, ob es also heißt »Freude am Fahren«, »Vorsprung durch Technik«, »Simply clever« oder »Ihr Stern auf allen Straßen« – offensichtlich erfüllen die auf dem Kühlergrill prangenden Markenembleme zwar ungewollt, aber dennoch in idealer Weise die Funktion eines Absehens.

◆

Aufgrund der Zeitumstellung ist im April die morgendliche Wildunfallgefahr um 60% höher als im März.

Schadensart

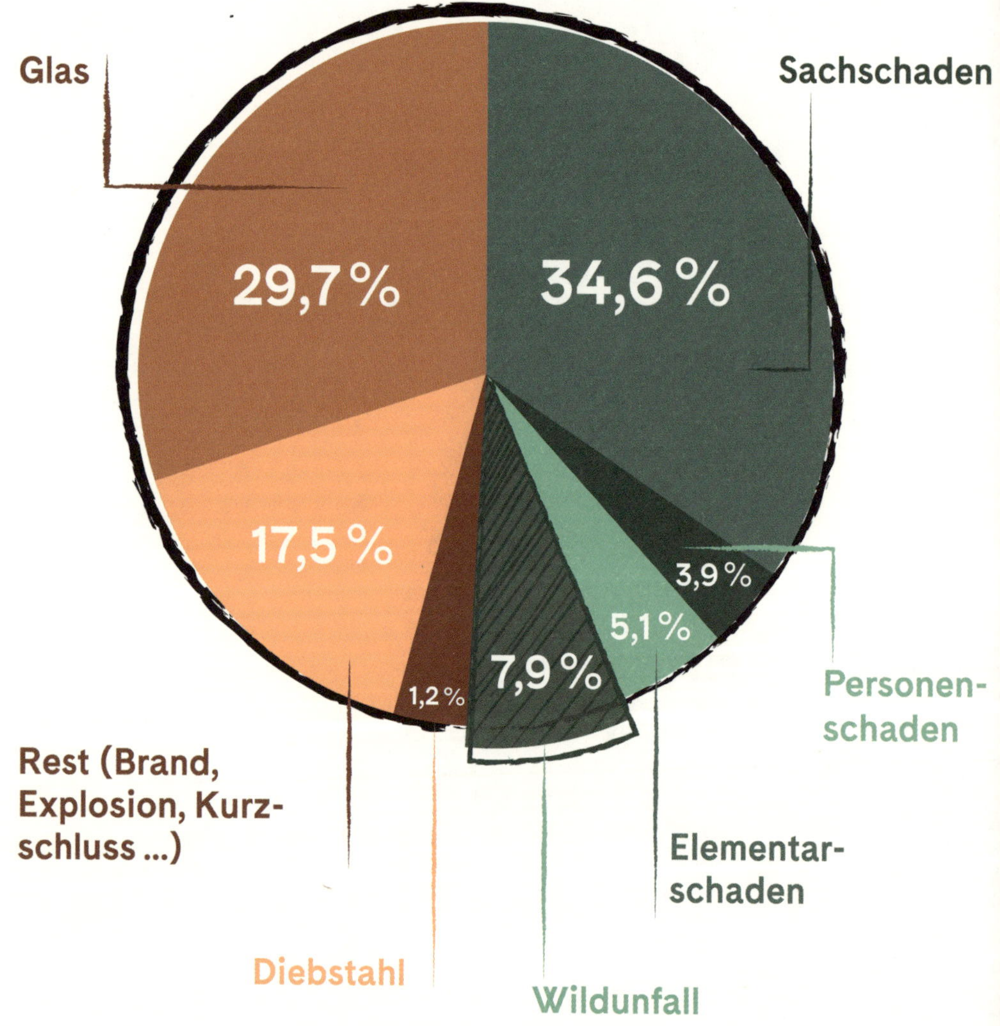

Kraftstrotzende Boliden zwischen 251 und 300 PS sind am häufigsten in Wildunfälle verwickelt.

14

Putzen ist gefährlicher als Jagen

Haben Sie schon einmal an einer Maisjagd teilgenommen? Möglicherweise hatten Sie dabei ein flaues Gefühl in der Magengrube. Seien Sie froh, dass es keine Kugel war. Denn wenn Sauen im Spiel sind, brennen bei manchen Jägern die Sicherungen durch. Trotzdem ist die Gefahr zu Hause immer noch am größten.

Glaubt man den Medien, sind Jäger und Personen in deren näheren Umfeld, wie zum Beispiel Treiber, besonders gefährdete Menschen. Alle Nachrichtenkanäle lassen Jagdunfällen eine große Aufmerksamkeit zuteilwerden, was zu einer verzerrten Wahrnehmung in der Öffentlichkeit führt – nämlich dem weitverbreiteten Gefühl, dass bei der wilden Ballerei in Feld und Forst regelmäßig hohe Verluste an Menschenleben zu verzeichnen seien. Und wer Jäger ist oder solch einem Exemplar zu nahekommt, stehe bereits mit einem Bein im Jenseits.

Dabei sieht die Realität ganz anders aus. Nach Angaben des Deutschen Jagdverbandes wurden im Jahr 2016 neun Menschen durch Schusswaffen bei der Jagd verletzt. 2017 sind zwei Menschen durch Schüsse auf der Jagd verletzt worden und zwei Menschen gestorben.[48] Bei 388.000 Jägern in Deutschland liegt demnach die Wahrscheinlichkeit, den Jagdausflug mit einer letalen Kugel zu quittieren, bei 0,00051 %.

Genauso (un)wahrscheinlich ist es übrigens, zu ertrinken.[49] Der Badeausflug mit Luftmatratze und Quietsche-Entchen steht dem Jagdausflug mit Repetierbüchse und Patronengurt also in nichts nach.

Gefährlicher geht es schon im Gebirge zu. Laut der Bergunfallstatistik des Deutschen Alpenvereins (DAV) sind 2017 71 Mitglieder der größten nationalen Bergsteigervereinigung tödlich verunglückt.[50] Aber nicht etwa beim Bergsteigen oder Felsklettern, wie man vermuten könnte, sondern beim ganz normalen Wandern. Aber was kann beim Wandern in den Bergen schon passieren? Ich hätte als Hauptgefahr das Abstürzen vermutet. Tatsächlich dürfte mindestens der Hälfte der Gestorbenen beim Wandern die Puste ausgegangen sein: Sie starben durch Herzversagen. Nicht jeder hat eine Pumpe wie Luis Trenker. Nach den Zahlen des DAV ist das Risiko, beim Wandern aus den Berglatschen zu kippen, über fünfmal so hoch wie beim Jagen aus den Pirschstiefeln.

Wer aber wissen will, wo es richtig brenzlig zugeht, muss sich einfach nur umschauen. Denn im eigenen Heim lebt es sich am gefährlichsten. Das Risiko, beim Putzen, Bügeln oder Kochen den Löffel abzugeben, ist sage und schreibe 25-mal so hoch wie beim Jagen. Jedes Jahr sterben rund 11.000 Menschen bei einem häuslichen Unfall.[51]

Wem es bei der Hausarbeit zu gefährlich ist, sollte sich lieber ins Auto setzen und ins Getümmel schlagen. Mit 3.059 Toten im Jahr 2019 ist es im Straßenverkehr für die rund 40 Millionen Führerscheininhaber zwar immer noch 15-mal gefährlicher als auf der Jagd, dafür aber knapp doppelt so sicher wie bei Tätigkeiten zu Hause. Denken Sie daran, wenn Sie die Wahl haben zwischen Müll runterbringen und Einkaufen fahren! Außer vielleicht in Sachsen-Anhalt und Mecklenburg-Vorpommern – dort ist das Risiko im Straßenverkehr zu sterben, gemessen an der Einwohnerzahl, am höchsten.[52]

Im Übrigen ist die Zahl der 2019 im Straßenverkehr Verletzten mit 384.000 Menschen fast genauso hoch wie die Anzahl an gesunden Jägern in Deutschland.

Wenn es zu Unfällen mit Jagdwaffen kommt, ist die häufigste Ursache dabei der falsche Umgang mit dem

Schießprügel. Denn als solchen scheinen viele Jäger ihre Büchse oder Flinte zu verstehen. Nicht umsonst fühlt sich die Landwirtschaftliche Berufsgenossenschaft gemüßigt, in der Unfallverhütungsvorschrift (UVV) »Jagd« explizit zu definieren, was nicht unter der »bestimmungsgemäßen Verwendung« einer Jagdwaffe zu verstehen ist:

1. Niederhalten von Zäunen beim Übersteigen
2. Aufstoßen von Hochsitzluken
3. Erschlagen des Wildes

Des Weiteren wird in der UVV darauf hingewiesen, dass Munition im richtigen Kaliber zu laden sei und dass beim Kauf von Kurzwaffen bitte gleich ein Holster miterworben werden solle, damit Pistole oder Revolver nicht in der Jackentasche umherfliegen. Offensichtlich fand hier schon das eine oder andere Hustenbonbon den Weg ins Laufinnere und erst mit Pulver und Blei wieder hinaus. Dass geladene Gewehre nichts auf dem Autorücksitz verloren haben, verdient ebenso der Erwähnung. Schon mancher Nimrod wurde im Fahrzeug von seinem umherspringenden Jagdhund erschossen oder richtete sich zu Hause selbst beim Ausladen des Schießeisens.

Jäger versterben aber nicht nur im eigenen oder fremden Feuer. Mancher Waidfrau und manchem Waidmann genügt schon ihre eigene Ansitzeinrichtung, um sich selbst über den Jordan zu bringen. Sie rutschen bei feuchtem Wetter von der glitschigen Leiter, stürzen mit einer mor-

Das Risiko, beim Putzen, Bügeln oder Kochen den Löffel abzugeben, ist 25-mal so hoch wie beim Jagen. Jedes Jahr sterben rund 11.000 Menschen bei einem häuslichen Unfall.

über 70% der Unfälle mit Jagdwaffen ereignen sich bei Gesellschaftsjagden, und zwar in den Monaten September bis Dezember. 90% davon durch »alte Hasen«, nicht durch Jungjäger.

schen Sprosse in die Tiefe oder es bricht gleich der ganze Hochsitz unter ihrem Gewicht zusammen.

Doch nicht jeder Jagdunfall muss gleich tödlich enden: In der Bundesrepublik Deutschland werden jährlich ca. 800 Personen im Zusammenhang mit der Jagdausübung erheblich verletzt.[53] Die Gründe dafür sind weniger im unsachgemäßen Gebrauch von Schusswaffen zu suchen. Das Stolpern über Hindernisse wie Baumstümpfe und Steine, das Verhaken an tief hängenden Ästen oder Dornen sowie das Ausrutschen auf glatten Oberflächen sind viel häufiger Ursache von Knochenbrüchen, Prellungen sowie Schnitt- und Schürfwunden.

Ein Unfall-Hotspot hat sich in den letzten Jahren immer stärker in den Vordergrund geschoben. Mit dem starken Anstieg der Schwarzwildbestände nahm auch die Zahl an Drück- und Erntejagden stark zu. Auffällig ist, dass sich über 70 % der Unfälle mit Jagdwaffen bei Gesellschaftsjagden ereignen, und zwar in den Monaten September bis Dezember.[54] Manche Jäger sind so schusshitzig oder auch neidisch, dass das Ansprechen zum Glücksspiel verkommt – mit oft fatalen Folgen. Jeder Jäger kennt den Spruch: »Ist die Kugel aus dem Lauf, hält kein Teufel sie mehr auf!«

Erstaunlicherweise sind dabei nicht die Jungjäger das Problem, sondern mit über 90 % die erfahrenen alten Hasen.[55] Damit steht fest: Gewohnheit ist gefährlicher als Unerfahrenheit.

◆

Die Gefährlichkeit der Jagd wird überschätzt. Tätigkeiten im Haushalt sind wesentlich riskanter.

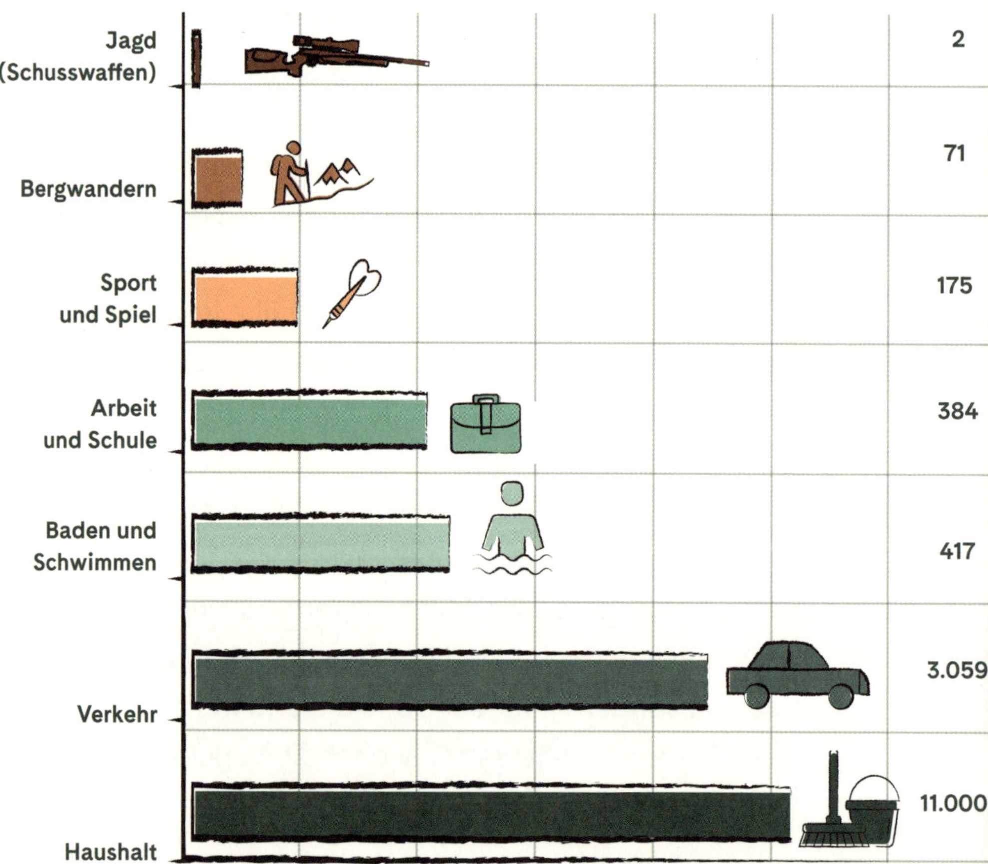

Wenn es zu Unfällen mit Jagdwaffen kommt, ist die häufigste Ursache dabei der falsche Umgang mit dem Schießprügel. Denn als solchen scheinen viele Jäger ihre Büchse oder Flinte zu verstehen.

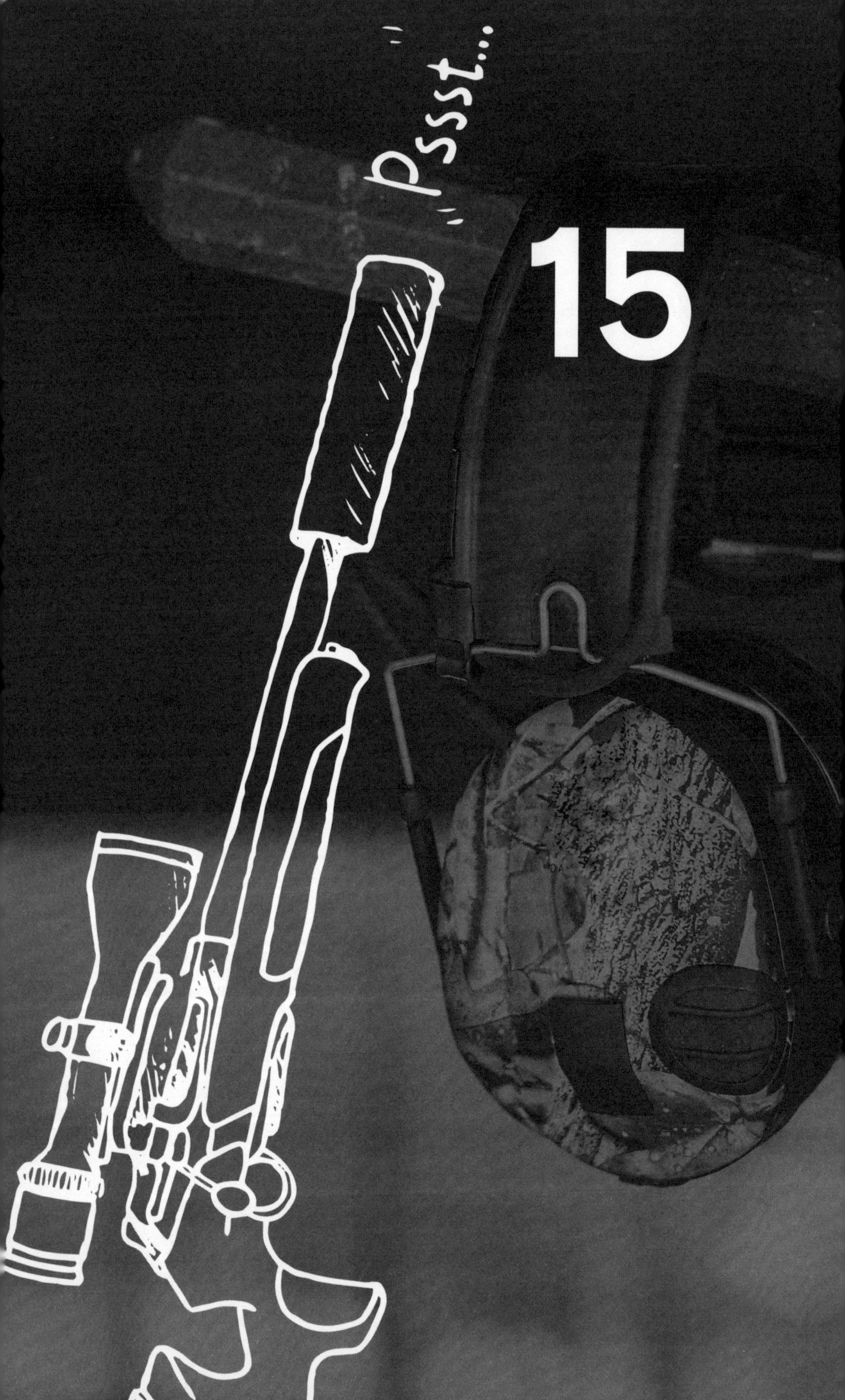
"Pssst..."
15

Gehör finden statt tauber Ohren

Hätten Sie gedacht, dass ein Büchsenschuss lauter ist als ein Düsenflugzeug? Kein Wunder geht das ungeschützte Jägergehör irgendwann in Sinkflug. Alles spricht für einen Schalldämpfer, denn der schützt den Partner mit der kalten Schnauze gleich mit.

Unterhaltungen mit älteren Jägern gestalten sich mitunter etwas schwierig. Nicht, weil man unterschiedlicher Meinung ist, sondern weil das gesprochene Wort erst einmal am Schallgebälk des Seniors ankommen muss. Jäger gehörten bis in die jüngste Vergangenheit zu denjenigen Berufsgruppen, die mit zunehmendem Alter die Tendenz zur Schwerhörigkeit hatten. Damit reihte sich die Jagd, egal, ob Hobby oder Beruf, in eine ganze Reihe von Professionen ein, die zur Abnahme der Hörkraft führen. Keine Panik: Dazu zählen nicht wenige, denn die Lärmschwerhörigkeit ist die am häufigsten anerkannte Berufserkrankung in Deutschland, gefolgt von Hautkrebs durch UV-Strahlung.[56] Beim Jäger ist aber nicht die lang andauernde Exposition einer Lärmquelle das Problem, sondern die Schallspitze beim Schuss. Wer ein einziges Wildschwein erlegt, oder was auch immer, kann einen bleibenden Hörverlust davontragen.

Wenn ich zu Beginn dieses Kapitels von »älteren« Jägern sprach, meine ich die Generation der heute 70- bis 80-Jährigen. Gehen wir einmal davon aus, dass die meisten mit Anfang 20 den Jagdschein gemacht haben, dann lag ihr Wirkungsschwerpunkt in den Siebziger- und Achtzigerjahren. Zu diesem Zeitpunkt trug auf der Jagd noch niemand einen Gehörschutz, selbst auf dem Schießstand dürfte das die Ausnahme gewesen sein. Dabei wusste man auch damals schon, dass der Schall nicht nur über den Gehörgang ins Innenohr gelangt, sondern auch über den Knochen. Eine »Micky Maus« deckt dieses Gebein ab, nicht jedoch der kleine Stöpsel im Gehörgang, geschweige denn etwas Watte.

In der Ortschaft, in der sich früher meine Jagd befand, lebte bis vor wenigen Jahren ein alter Jäger, der Theo. Er war Eigentümer der hiesigen Zimmerei und konnte auf ein langes Jägerleben zurückblicken. Seinen ersten Bock streckte er schon im Knabenalter und in Anbetracht seiner Trophäenwand wurde die Passion in den nachfolgenden Jahren beileibe nicht weniger. Leider wurden sein Augenlicht und sein Gehör im Laufe der Zeit immer schlechter und so beschränkten sich die jagdlichen Aktivitäten in seinen letzten Lebensjahren auf den Jägerstammtisch in der Wirtsstube. Das Problem war nur, dass er trotz seines Hörgeräts einfach nichts mehr verstand. Das Kreischen der Kreissäge in der Zimmerei und die vielen Schüsse auf Jagd und Schießstand hatten ganze Arbeit verrichtet. Am Stammtisch versuchten die anderen Jäger, ihm ihre aktuellen Jagderfolge laut schreiend zu berichten, flankiert durch wildes Gestikulieren als eine Form improvisierter Gebärdensprache. Es nutzte alles nichts – während die restliche Gaststätte nun gewollt oder ungewollt über jedes Stammtischdetail informiert war, wurde das Stimmengewirr von seinem Hörgerät zu einem untrennbaren Einheitsbrei orchestriert. Immerhin stieg seine Redseligkeit mit jedem Gläschen Rotwein, sodass er von alten Jagderlebnissen erzählte und sich über die zustimmenden Gesten der Jagdkameraden freute.

Während auf dem Schießstand der Einsatz von Gehörschützern Usus wurde, dauerte es auf der Jagd noch viele Jahre. Vorreiter waren die Skandinavier, die den Gehörschutz über der Jagdcap trugen. Beim deutschen Lodenhut mit breiter Krempe tat man sich schwer, erst der Einzug von Basecaps in der jagdlichen Funktionsbekleidung verhalfen dem Gehörschützer zum Durchbruch. Trotzdem wurde das Herunterklappen der Ohrkapseln kurz vor Schussabgabe vor lauter Jagdfieber oft vergessen. Außerdem erlauben verschiedene Jagdsituationen das Aufsetzen erst gar nicht – wie zum Beispiel bei Nachsuchen. Also auch hier keine hundertprozentige Sicherheit. Ganz zu schweigen vom feinen Hundegehör, das überhaupt nicht bedacht wurde. Die einzige Möglichkeit, das Menschen- und Hundegehör zuverlässig zu schützen, ist, den Mündungsknall direkt an der Quelle zu verringern. Die technischen Möglichkeiten dazu gibt es schon lange, nämlich in Form von Schalldämpfern. Sie waren aber mit wenigen Ausnahmen, wie etwa bei Stadt- oder Friedhofsjägern, behördlichen Nutzern vorbehalten. Erst durch Klagen von Förstern und Änderungen in der behördlichen Verwaltungspraxis kam es zu einer schrittweisen Liberalisierung des Jagd- und Waffenrechts bezüglich des Besitzes und der Verwendung von Schalldämpfern bei der Jagd.

Grundlage dafür war die EU-Richtlinie »Lärm« (2003/10/EG) und die darauf basierende deutsche Lärm- und Vibrations-Arbeitsschutzverordnung (LärmVibrationsArbSchV) aus dem Jahr 2007, die unter anderem vorschreibt, dass extrem lauter Lärm, der schon bei sehr kurzer Einwirkzeit bleibende Gehörschäden verursacht, am Entstehungsort bekämpft werden müsse.

So kam es, dass Förster und Berufsjäger, bei denen die Jagd zur Stellenbeschreibung gehört, Ausnahmegenehmigungen zur Verwendung von Schalldämpfern erhielten. Diese Praxis nahm die bayerische Staatsregierung im Jahr 2015 zum Anlass, ihre Verwaltungspraxis zu ändern und jedem Jäger nach einem entsprechenden Antrag eine Genehmigung für den Erwerb von Schalldämpfern zu erteilen. Obwohl einige andere Länder daraufhin dem bayerischen Modell folgten, war der Einsatz von Schalldämpfern immer noch nicht in allen Bundesländern zulässig. Erst die Änderung des Waffengesetzes im Februar 2020 schaffte Klarheit: Jeder Jäger in Deutschland darf nun unter Vorlage eines gültigen Jagdscheins einen Schalldämpfer für sein Gewehr erwerben, das heißt für Zentralfeuermunition. Diese Lockerung führte zu einem sprunghaften Anstieg der Verkaufszahlen von über 400 % im ersten Quartal 2020. Das zeigt, wie sehr die akustische Gesundheitsvorsorge vielen Jägern am Herzen liegt. Der Grund liegt auf der Hand: Wer sich als Nimrod eines seiner wichtigsten Sinne beraubt, schmälert damit auch deutlich seine Erfolgschancen, Beute zu machen.

Man muss sich schon fragen, warum der Forderung der Jäger nach einem effektiven Gesundheitsschutz erst aufgrund einer EU-Richtlinie Gehör geschenkt wurde. Hauptargument der Politik war übrigens die gebetsmühlenartig vorgetragene Befürchtung, dass bei Freigabe von Schalldämpfern dem Terrorismus Vorschub geleistet würde. Die Vorstellung von »Phantom«-Anschlägen geisterte wohl in so manchem Beamtenkopf umher. Dabei wird der Schussknall ja nur unter die gesundheitlich kritische Schwelle von 130 Dezibel gesenkt, also nichts mit »plopp und tot«, wie man das aus dem Fernsehen kennt. Der fast »lautlose« Schuss ist zwar technisch möglich, jedoch nur, wenn das Projektil mit Unterschallgeschwindigkeit fliegt, was für jagdliche Einsatzzwecke nicht infrage kommt. Das terroristische Heckenschützengespenst ist also schon mal kein Jäger.

Für den alten Theo kommt die Freigabe von Schalldämpfern leider zu spät. Er hätte am Stammtisch sicher zu vielen Jagdgeschichten noch seinen Erfahrungssenf dazugeben können. Doch leider stießen die Geschichten bei ihm auf taube Ohren.

◆

Die einzige Möglichkeit, das Menschen- und Hundegehör zuverlässig zu schützen, ist, den Mündungsknall direkt an der Quelle zu verringern.

Der Schussknall wird mit dem Schalldämpfer lediglich unter die gesundheitlich kritische Schwelle von 130 Dezibel gesenkt, also nichts mit »plopp und tot«, wie man das aus dem Fernsehen kennt.

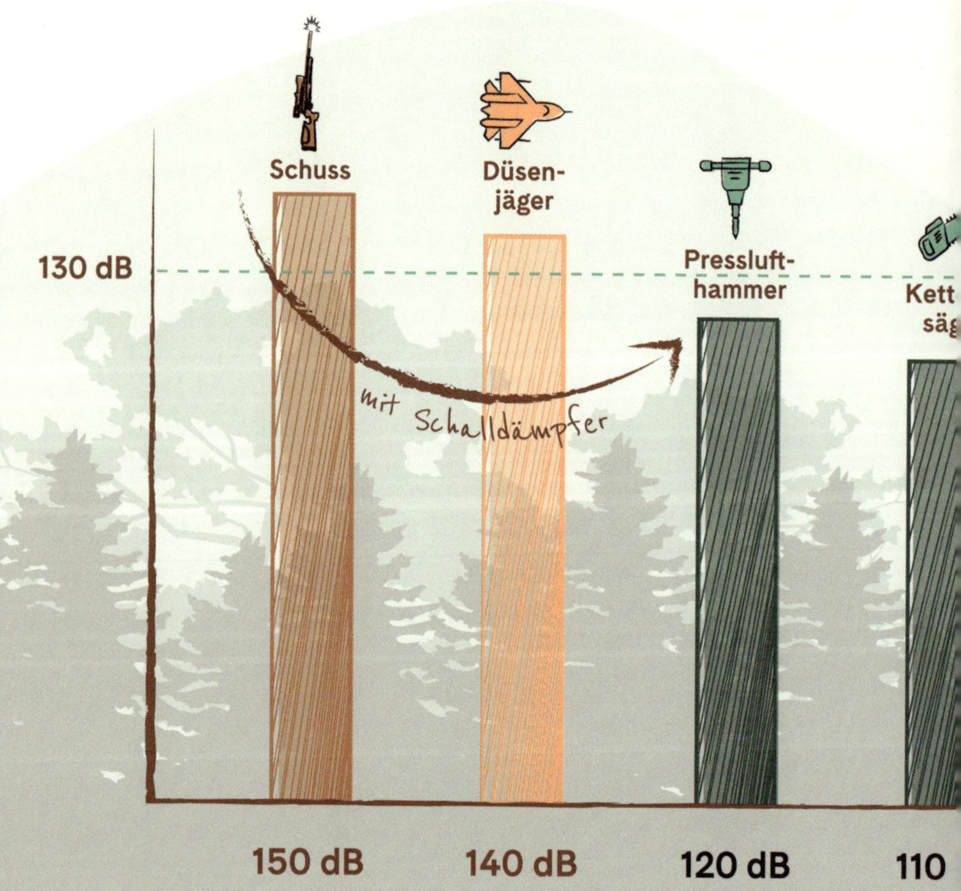

Jagen bis zur Schmerzgrenze

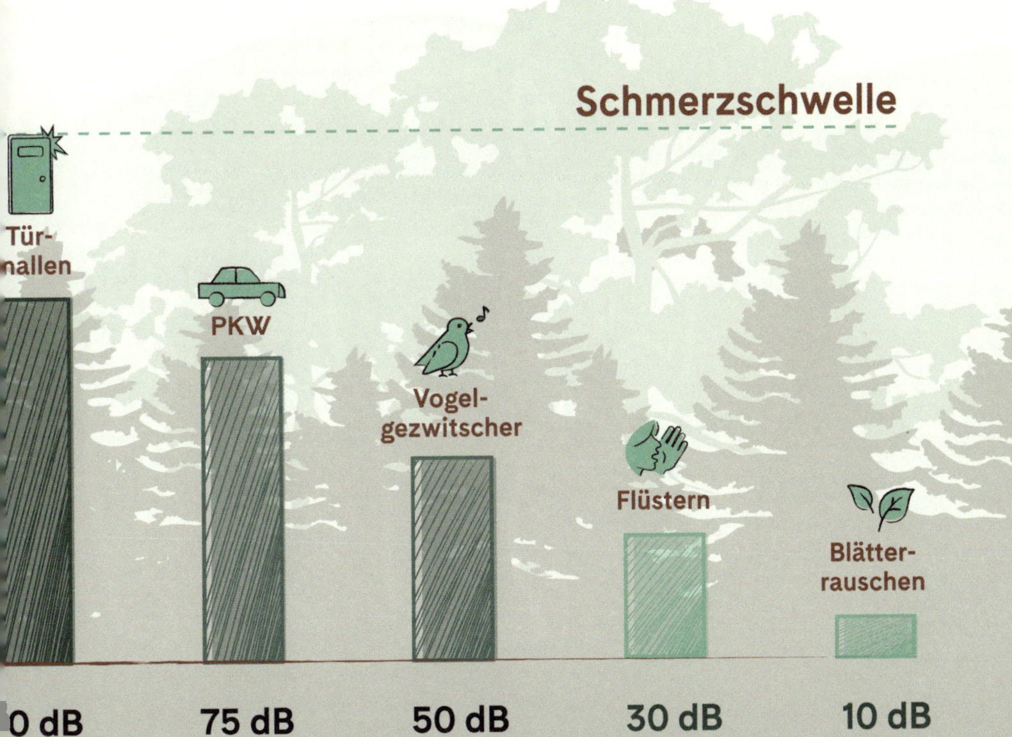

16

Der Jäger schießt, was der Bauer pflanzt

Haben Sie auch noch einen Drilling im Schrank? Vermutlich ist er schon ein bisschen eingestaubt, denn die Revierverhältnisse haben sich fast überall geändert. Kein Niederwild in Sicht, dafür Sauen ohne Ende. Eins zumindest bleibt gleich: »Fuchs kann immer kommen.«

Auf alten Bildern der Siebziger- und Achtzigerjahre sind Jäger und Förster in der Regel mit einem Drilling zu sehen. Für die Nichtjäger unter den Lesern sei kurz erklärt, dass ein Drilling ein Gewehr mit drei Läufen ist. Klassischerweise setzt sich das Laufbündel aus zwei Schrotläufen und einem Kugellauf zusammen. Sehr viele Grünröcke bauten sich bis zum Beginn der Hasen-Treibjagden im Spätherbst einen Kleinkaliber-Einstecklauf in einen der beiden Schrotläufe. Damit stand dem Jäger bei jedem Pirschgang eine großkalibrige Kugel für Schalenwild, eine kleinkalibrige Kugel für Raubwild und eine Schrotpatrone für Niederwild zur Verfügung.

Diese Art der Bewaffnung war den Revierverhältnissen der damaligen Zeit geschuldet. Die kleinstrukturierte Landwirtschaft mit vielen Säumen, Hecken und abwechslungsreicher Fruchtfolge bot den verschiedensten Wildarten Unterschlupf und Nahrung. So konnte der Jäger beim Reviergang nie wissen, ob sich vielleicht die Chance auf einen vorbeischnürenden Fuchs, einen auffliegenden Fasan, ein abstreichendes Rebhuhn oder ein verhoffendes Reh bot. Nun kann aber nicht alles mit der gleichen Munition erlegt werden. Entsprechend umfangreich war auch das Angebot an sogenannten »kombinierten Waffen«, die der gut sortierte Jagdausstatter als Rundum-sorglos-Paket an den Waidmann – Jägerinnen gab es damals noch kaum – brachte.

Doch leider haben sich die Revierverhältnisse seit dieser Zeit dramatisch verändert. Die kleinparzellierten Felder von damals verwandelten sich zu großen Monokulturen. Das zeigt sich deutlich in der Anzahl der landwirtschaftlichen Betriebe von 1975 bis heute. Während es 1975 noch rund 900.000 Bauernhöfe gab, waren es 2019 nur noch 266.600 Höfe[57], wohingegen sich die landwirtschaftliche Nutzfläche in derselben Zeit um 33 % vergrößerte[58] und damit heute die Hälfte der gesamtdeutschen Flächen einnimmt. Durch die Abnahme der landwirtschaftlichen Betriebe besaßen immer weniger Landwirte immer größere, zusammenhängende Flächen, die sie mit immer leistungsstärkeren Maschinen schneller und damit wirtschaftlicher bearbeiten wollten. Die Landschaft wurde ausgeräumt – kein Baum, kein Strauch sollte den Tritt aufs Bremspedal notwendig machen. Effizient war es zumindest: Heute ernährt eine angestellte Person in der Landwirtschaft über 100 Menschen, während es im Jahr 1949 nur zehn Personen waren.

Der Anbau von Raps und Mais nahm besonders seit 1980 richtig Fahrt auf. So betrug in Deutschland die Anbaufläche von Raps im Jahr 2010 bereits über 1,4 Millionen Hektar und die Anbaufläche von Mais sogar fast 2,6 Millionen Hektar.[59] Damit wurde dem Niederwild sein Lebenselexier geraubt: die enge Verzahnung von Nahrung und Deckung. Denn in diesen Flächen wächst kein Grashalm auf dem Boden, von saftigen Kräutern für den Hasen ganz zu schweigen. Sämereien für die Hühnervögel: Fehlanzeige. Also weit weg vom Schlaraffenland früherer Jahrzehnte – die Unterbringung ähnelt eher einem Auffanglager.

Aber das dicke Ende kommt erst noch, nämlich bei der Ernte. Wenn sich die gierigen Rapsdrescher über die öligen Schoten und die gefräßigen Maishäcksler über die goldenen Kolben hermachen, dann verlieren Hase, Rebhuhn und Co. von einem Tag auf den anderen das Dach über dem Kopf, dann ist Tabula rasa im Ackerbau. Kein Rübenacker weit und breit, wo sich Meister Lampe hinflüchten kann. Kein Strauchwerk in Sichtweite, worunter der Fasan Schutz findet. Stattdessen kreist schon die Luftwaffe über den Erntemaschinen wie die Geier im Wilden Westen. In den Abendstunden marschiert dann die Infanterie auf den blanken Stoppeläckern ein: Fuchs und Dachs. Sie halten Nachlese und sammeln alles ein, was am Tage unter die Messer gekommen ist.

Nicht jede Wildart bedauert diese ackerbauliche Entwicklung. Ganz besonders nicht die Schwarzkittel. Für die Wildschweine sind die riesigen, dichten Schläge das reinste Eldorado: einfach den ganzen Tag saugemütlich mitten im mannshohen Mais stehen und fressen, fressen, fressen. Nachts mal kurz rüber in den Wald, ein frisches Fangobad nehmen und wieder flugs zurück an den Esstisch. Da sind schnell ein paar Kilo Maisgold in Hüftgold umgewandelt. Da spannt die Sauschwarte.

Während die Ernte für das Niederwild ein Riesenproblem darstellt, greifen die Schweine einfach auf ihren Zweitwohnsitz zurück: den Wald. Dort fährt die Natur jetzt den zweiten Gang auf – und zwar in gewaltigen Mengen. Denn immer häufiger gibt es Mastjahre, in denen sich Eichen

Durch die Abnahme der landwirtschaftlichen Betriebe besitzen immer weniger Landwirte immer größere, zusammenhängende Flächen, die sie mit immer leistungsstärkeren Maschinen schneller und damit wirtschaftlicher bearbeiten wollen.

und Buchen förmlich unter der Last ihrer Früchte biegen. Ohne großen Aufwand können die Borstentiere sich nun riesige Mengen an Eicheln und Bucheckern einverleiben. In normalen Jahren überlebt ein Teil der Frischlinge den Winter nicht. Nicht so in den Mastjahren: Die properen Kleinen feiern alle gemeinsam ein gutes Neues – also Schwein gehabt, verhungern muss niemand, keine Verluste in der riesigen Suidae-Familie. Die Zukunftsaussichten für den Nachwuchs sind also rosig und es gibt keinen Grund, dass nicht auch schon Frischlinge an der Sauerei im Fresstempel teilnehmen.

Dass Wildschweine zu den Gewinnern des Strukturwandels gehören, zeigt ein Blick auf die Jagdstreckenstatistik der letzten 45 Jahre. Im Zeitraum von 1976 bis 2020 stiegen die Abschusszahlen um über 570 %. Im Jagdjahr 2019/20 wurden in Deutschland 882.231 Wildschweine zur Strecke gebracht.[60]

Interessanterweise spiegelt sich diese Entwicklung auch in den Verkaufszahlen der Jagdausstatter wider. Da die Bejagung von Wildbeständen stets nachhaltig erfolgt – also nie mehr abgeschöpft wird als nachwächst –, zeigt sich ein Rückgang der Niederwildbestände auch im Rückgang des Neuwaffenkaufs und in der Zunahme des Gebrauchtwaffenverkaufs. Die Nachfrage nach Drillingen und Bockbüchsflinten ist in den letzten 15 Jahren fast völlig zum Erliegen gekommen. Dabei waren diese »Allzweckwaffen« bis Ende der Neunzigerjahre noch der Renner für das heimische Revier! Heute stapeln sich diese Waffen

Nicht jede Wildart bedauert diese ackerbauliche Entwicklung. Ganz besonders nicht die Schwarzkittel. Für die Wildschweine sind die riesigen, dichten Schläge das reinste Eldorado.

---

bei Online-Gebrauchtwaffenportalen wie Auctronia oder eGun. Auch Doppelflinten mit kunstvollen Gravuren finden heute mangels gediegener Hühnerjagden nicht mal mehr »für einen Apfel und ein Ei« ihren Käufer – selbst für die Entenjagd sind sie mangels Stahlschrotbeschuss auf lange Sicht ungeeignet.

Fast gegenläufig entwickelte sich dagegen die Nachfrage nach Repetierbüchsen. So hat man in den letzten zehn Jahren den Absatz von jagdlichen Repetierbüchsen und Selbstladebüchsen mit einem Plus von 140 % mehr als verdoppelt. Damit verkaufte etwa der Jagdausrüster FRANKONIA so viele Jagdkugelwaffen wie noch nie in seiner über 110-jährigen Geschichte.

◆

Die Anzahl landwirtschaftlicher Betriebe mit Flächen über 100 Hektar nimmt zu, während es immer weniger kleine Bauernhöfe gibt.

Anzahl landwirtschaftlicher Betriebe

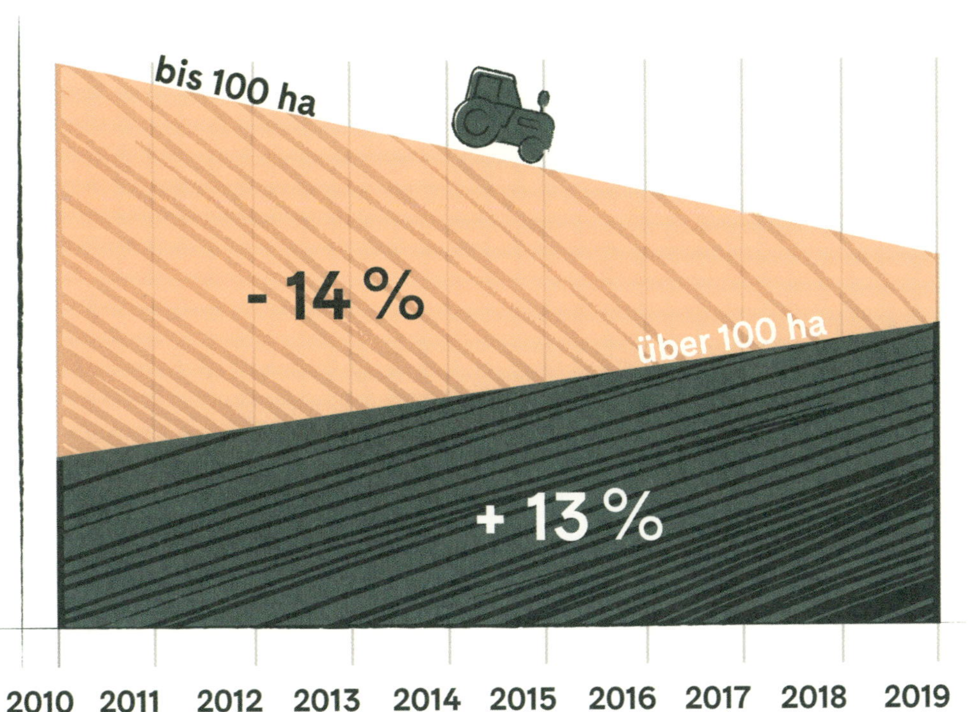

Im Zeitraum von 1976 bis 2020 stiegen die Schwarzwild-Abschusszahlen um über 570 %. Im Jagdjahr 2019/20 wurden in Deutschland 882.231 Wildschweine zur Strecke gebracht.

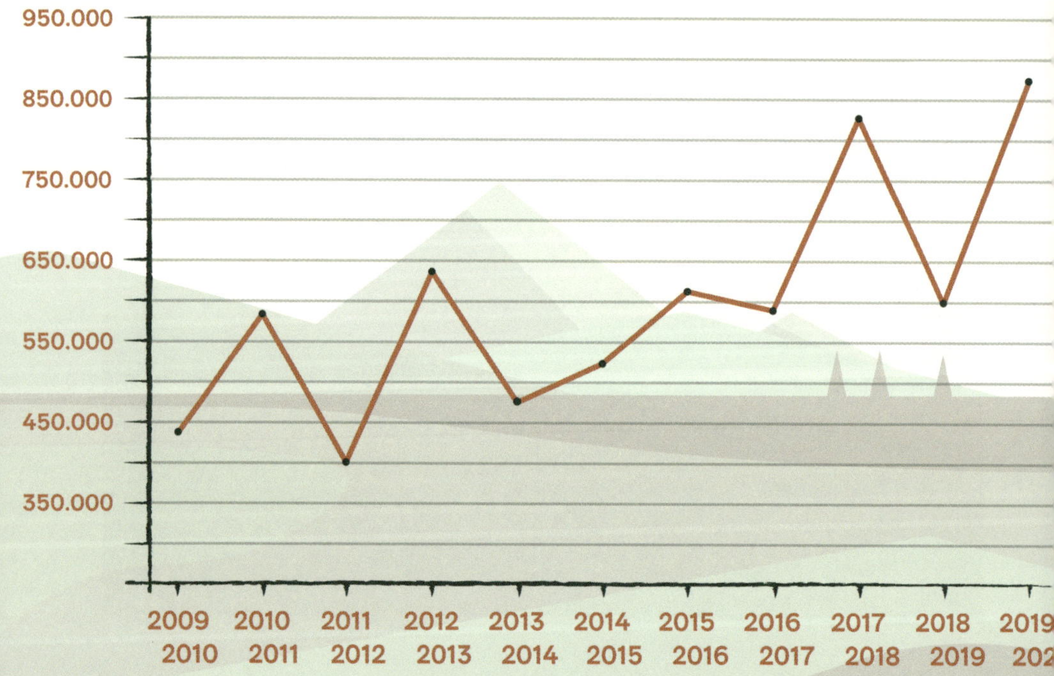

Die Anzahl verkaufter Repetierbüchsen folgt der Streckenentwicklung des Schwarzwildes.

Verkaufte Repetierbüchsen

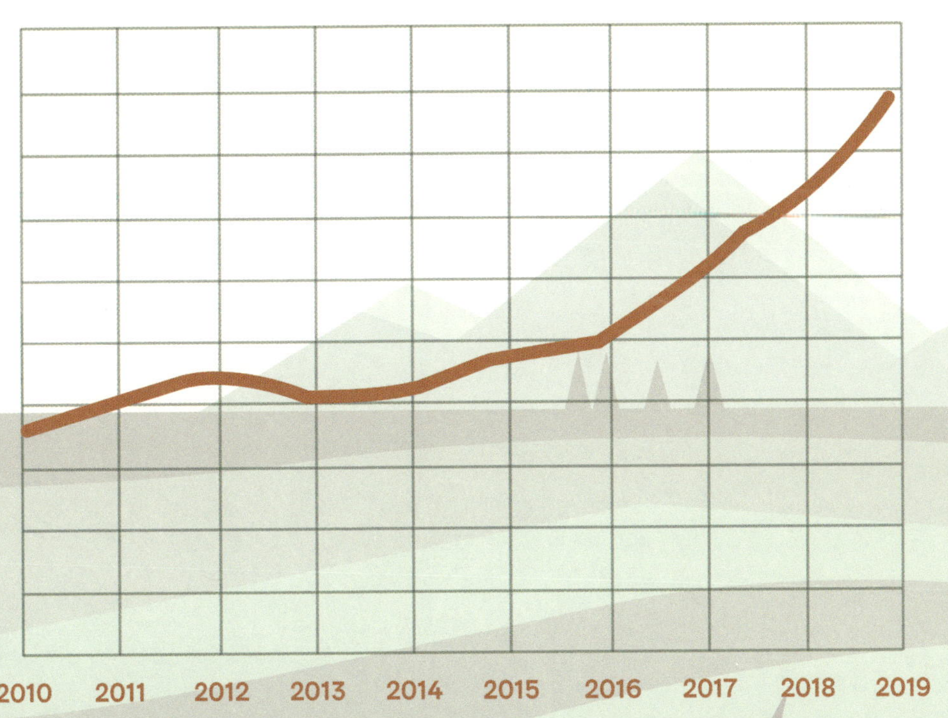

17

Die Sache mit der Waidgerechtigkeit

Haben Sie sich auch schon einmal einer Situation gebeugt und nicht Ihrem Gewissen? Und haben Sie sich danach richtig mies gefühlt? Dann sind Sie leider nicht allein. Dabei ist unser Ehrenkodex das Wichtigste, was wir haben – denn nur er verleiht unserem jagdlichen Handeln Aufrichtigkeit und Glaubwürdigkeit.

Im §17 des Tierschutzgesetzes steht geschrieben, dass das Töten eines Wirbeltieres ohne vernünftigen Grund verboten ist. Die Jagd zählt zu den vernünftigen Gründen. Damit erhalten die Jäger eine besondere Befugnis und zugleich den Auftrag, ein Gleichgewicht zwischen Mensch und Wildtier, aber auch zwischen den Wildarten, herzustellen und es zu erhalten. Es ist kein natürliches Gleichgewicht, sondern ein den menschlichen Vorstellungen angepasster Balanceakt innerhalb einer künstlich geschaffenen Kulturlandschaft.

Mit dieser Befugnis geht auch eine große Verantwortung einher. Denn schließlich geht es im zentralen Kern darum, Tiere zu töten oder wie der Jäger sagt: zu erlegen. Das Bundesjagdgesetz schreibt vor, dass bei der Ausübung der Jagd die allgemeinen Grundsätze der deutschen Waidgerechtigkeit zu beachten sind. Diese Grundsätze bilden in der Summe den Ehrenkodex, wie sich ein Jäger zu verhalten hat.

»Am Umgang mit dem Wildtier zeigt sich die Gesinnung des Menschen! Das Wildtier ist auch ein Geschöpf unseres Herrgotts, wie auch wir in das Gefüge der Natur hineingestellt sind. Wir müssen das Wild mit Achtung behandeln, gleich, ob es lebt oder erlegt ist«, sagt Georg Volquardts, Landesforstmeister von Schleswig-Holstein i. R. Der erfahrene Nachsuchenführer ist heute 90 Jahre alt und blickt auf ein erfülltes Jägerleben zurück. Er war von 1975 bis 2003 Vorsitzender des Vereins Hirschmann, dem Zuchtverband der weltweit besten Schweißhunderassen, dem

Hannoveraner Schweißhund (HS) und dem Bayerischen Gebirgsschweißhund (BGS). In dieser Position erlebte er hautnah mit, welche Jäger ihre Verantwortung gegenüber dem Wild wahrnehmen und welche nicht. Als er feststellen musste, dass die Arbeit mit dem Schweißhund zu einem Modetrend zu werden begann, verfasste er die »Emkendorfer Gebote«. Mit diesen Geboten manifestierte er die moralischen Leitplanken, die für jeden Schweißhundeführer gelten sollten. Sie wurden 1986 vom Verein Hirschmann auf der Hauptversammlung in Emkendorf offiziell verabschiedet.

Ich möchte kurz für Nichtjäger erklären, was ein »Schweißhund« ist: In der Jägersprache wird das Blut des Wildes als Schweiß bezeichnet. Die Aufgabe eines Schweißhundes ist es also, die Blutspur des verletzten Wildes zu verfolgen, damit der Hundeführer es möglichst schnell von seinem Leiden erlösen kann. Diese Spurarbeit wird als Nachsuche bezeichnet und der Hundeführer als Nachsuchenführer. Die Verletzung des Wildtieres kann von einem Schuss oder zum Beispiel von einem Verkehrsunfall herrühren.

Man darf sich so eine Schweißspur jetzt aber nicht vorstellen wie mit dem roten Pinsel gezogen. Häufig ist überhaupt kein Blut zu sehen, weshalb man die Spur auch als Krankfährte bezeichnet. Für den Hund ist das aber kein Problem: Er folgt mit seiner empfindlichen Nase einfach der Bodenverwundung, die durch das Auftreten der Klauen, Schalen genannt, erfolgt. Durch das Zertreten kleinster

Pflanzenteile werden mikrobielle Zersetzungsprozesse angestoßen, die der Hund sogar in eine zeitliche Abfolge setzen kann – deshalb läuft er die Fährte auch nie in verkehrter Richtung.

Trotz aller Achtsamkeit kann es passieren, dass ein Wildtier vom Jäger einmal nicht tödlich getroffen wird. Manchmal flüchtet es selbst mit tödlichem Schuss noch außer Sichtweite, bevor es verendet. Der erfahrene Jäger erkennt anhand der Pirschzeichen, das sind kleinste Spuren am Anschuss, wo der Treffer saß. In den meisten Fällen zieht der Jäger dann erst einmal seinen eigenen Hund zurate – sofern vorhanden. Bei kürzeren Nachsuchen funktioniert das auch meistens, immerhin hat der vierbeinige Jagdhelfer ja eine Brauchbarkeitsprüfung absolviert.

Findet die vielleicht etwas eingerostete Couchkartoffel jedoch nicht zum beschossenen Stück, offenbart sich der wahre Charakter des Jägers. Redet er sich nun selbst ein, dass er vermutlich vorbeigeschossen hat oder es nur ein Streifschuss war? Scheut er den zeitlichen Aufwand, einen Profi zu holen, und geht nach Hause? Oder ruft er den anerkannten Schweißhundeführer zu Hilfe. Dieser Schritt fällt oft schwer, ist es doch das offene Eingeständnis, dass man Mist gebaut hat. Dieser Eitelkeit darf auf keinen Fall nachgegeben werden, denn es geht hier um ein Lebewesen, für dessen mögliche Qualen man persönlich verantwortlich ist. Der Respekt vor der Schöpfung erfordert es, alle zur Verfügung stehenden Mittel einzusetzen, um die Leiden des Tieres so gering und so kurz wie möglich zu halten.

Und hierbei darf kein Unterschied zwischen den Wildarten gemacht werden.

Das meint Volquardts, wenn er vom »wahren Charakter« des Menschen spricht. Ist er in der Lage, sein eigenes Ego zurückzunehmen, kann er seinen Anspruch hintanstellen, fehlerlos zu sein? Ist die viel beschworene Waidgerechtigkeit für ihn nur ein Lippenbekenntnis oder wirklich ein »Ehrenschild«, wie es Oskar von Riesenthal 1880 postulierte?

Wer mit der Verantwortung für das uns anvertraute Wild nicht respektvoll und demütig umgeht, sollte seinen Jagdschein besser heute als morgen an den Nagel hängen. Diese Verantwortung zeigt sich aber nicht erst nach dem Schuss, sondern bereits vorher. Genauer gesagt, in der Frage, mit welcher Ausrüstung der Jäger unterwegs ist. Hierbei spielen zwei Faktoren eine wichtige Rolle: Zum einen soll die eingesetzte Technik schlechte Schüsse, wie oben beschrieben, möglichst verhindern, zum andern darf eine »paramilitärische« Ausrüstung nicht dazu führen, dass dem Wild keine faire Chance mehr bleibt, zu entkommen.

Noch vor zehn Jahren stellte sich diese Frage nicht, da waren Leuchtabsehen und Entfernungsmesser die Speerspitze des modernen Jägers. Doch seit der schleichenden Einführung der Nachtsichttechnik im zivilen Bereich wird dem Wild ein wesentlicher Vorteil geraubt: der Schutz der Nacht. Viele Wildarten hatten in der Vergangenheit gelernt, dass es sicherer ist, seine Aktivität in die Nachtstunden zu verlegen. Dazu gehören das Schwarzwild, das Rotwild und sogar in vielen Gegenden das Rehwild. Mit der Ände-

»Am Umgang mit dem Wildtier zeigt sich die Gesinnung des Menschen! Das Wildtier ist auch ein Geschöpf unseres Herrgotts, wie auch wir in das Gefüge der Natur hineingestellt sind. Wir müssen das Wild mit Achtung behandeln, gleich, ob es lebt oder erlegt ist.«

Dr. Georg Volquardts

rung des Waffenrechts im Februar 2020 wurde der vorher strikt verbotene Besitz und Umgang mit Nachtsichttechnik im Zusammenhang mit Schusswaffen aufgehoben. Damit obliegt es den jeweiligen Landesjagdgesetzen zu entscheiden, inwieweit diese Technik im Revier eingesetzt werden darf. Die aktuelle Novellierung des Bundesjagdgesetzes will diesen Flickenteppich beseitigen, indem das Verbot von Nachtzieltechnik für die Jagd auf Schwarzwild generell aufgehoben werden soll. Somit wird auch die Nacht dem Wild zum Durchatmen genommen, die Störung erfolgt 24 Stunden, sieben Tage die Woche.

Wir Jäger müssen heute erstmals in der langen Jagdgeschichte darüber nachdenken, wo wir unsere eigenen Grenzen ziehen, wo wir uns selbst beschränken im Sinne der Waidgerechtigkeit. Denn wer mit Wärmebildkamera und Nachtsichtvorsatzgerät in der Nacht auf Sauen ansitzt, wird versucht sein, auch dem zufällig vorbeikommenden Hirsch und Rehbock die Kugel anzutragen. Grundsätzlich würde das ja auch keine Rolle spielen, wenn der Jäger eh schon vor Ort ist – es geht vielmehr um seine grundsätzliche Anwesenheit, insbesondere den menschlichen Geruch. Damit rauben wir der Nacht ihre Jungfräulichkeit und vermitteln den Waldbewohnern, dass nun auch die Dunkelheit ihren Schutz verloren hat. Zur Vermeidung von Schäden und Seuchen kann das zeitweise notwendig sein. Es ist aber davon auszugehen, dass es zu einem ethischen Bruch kommt und diese Mittel auch zum »Kurzhalten« des Rehwildes für den zukünftigen Klimawald herangezogen werden. Denn die riesigen Stückzahlen an Nachtsicht- und Wärmebildvorsatzgeräten, die der Handel seit der waffenrechtlichen Legalisierung verkauft, werden auch nach Bekämpfung der Afrikanischen Schweinepest (ASP) sicherlich nicht im Schrank verstauben.

Umso wichtiger ist die ganz persönliche Haltung jedes einzelnen Jägers. Nicht die Gesetze werden den Umgang mit unserem Wild bestimmen, sondern der Mensch am Abzug. Wir Jäger tragen in unserer Kulturlandschaft die Verantwortung dafür, dass Wildtiere ein artgerechtes Leben führen können – und das darf nicht nur aus Verfolgung bestehen.

Weil ich überzeugt davon bin, dass die Zukunft der Jagd in glaubwürdigem, waidgerechtem Handeln liegt, habe ich gemeinsam mit meinem Kollegen Stefan Geißler die Initiative »Waidgerechte Jagd« gegründet (https://www.waidgerechte-jagd.de), die von vielen Unternehmen und Verbänden unterstützt wird. Dazu zählen Fjäll Räven, Swarovski, Bayerischer Jagdverband (BJV), Bund Deutscher Berufsjäger (BDB), Deutsche Wildtier Stiftung, Wild & Hund, Pirsch, Halali, Jägerschmiede und viele mehr.

Gemeinsam haben wir den »unbestimmten Rechtsbegriff« der Waidgerechtigkeit in 12 Leitsätze gegossen. Diese bieten Jägern einen Wertekompass für ihre jagdliche Praxis und Nichtjägern Informationen über eine aufgeklärte und moderne Form der Jagd.

Wenn wir Jäger uns daran orientieren, praktizieren wir eine gesellschaftlich akzeptierte, tierschutzgerechte

Jagd, bei der wir uns nicht dafür schämen müssen, Freude zu empfinden. Volquardts formuliert es so: »Jagen dürfen schenkt unendlich viel Freude. Diese Freude aber ist es, die wir brauchen, welche die Kräfte beflügelt, sich für die uns anvertraute Wildbahn einzusetzen und das Wild in seinem Lebensrecht, als Kulturgut, als Lebewesen und nicht als Schädling zu begreifen.«

Dem ist nichts hinzuzufügen.

◆

Die 12 Leitsätze der Initiative »Waidgerechte Jagd« können als Wertekompass für eine verantwortungsvolle, glaubwürdige Form der Jagd dienen.

RESPEKT

Wir respektieren die Kreatur und verschreiben uns dem Schutz der wildlebenden Tiere.

AUFKLÄRUNG

Wir weisen Mitjäger, der Situation angemessen, auf ein nicht waidgerechtes Verhalten hin.

VERANTWORTUNG

Wir verhalten uns verantwortungsvoll im Umgang mit Waffen und Munition und halten uns streng an die gesetzlichen Vorgaben.

INFORMATIONEN

Wir respektieren die Meinung von Menschen, die der Jagd kritisch gegenüberstehen. Wir öffnen uns, informieren sie gern, belehren sie aber nicht.

PARTNERSCHAFT

Wir behandeln unseren Jagdhund wie einen Kameraden.

TOLERANZ

Wir treten anderen Naturnutzern gegenüber stets respektvoll auf, auch wenn wir sie über ein Fehlverhalten im Rahmen des Jagdschutzes aufklären.

TRADITION

Wir bewahren das jagdliche Brauchtum, wenden es aber nur an, wenn es den anderen Leitsätzen nicht zuwiderläuft.

NATURSCHUTZ

Wir schützen die Natur und verbessern die Lebensräume aller Tierarten.

BILDUNG

Wir bilden uns fort und berücksichtigen neue wissenschaftliche Erkenntnisse in unserem jagdlichen Handeln.

KOMMUNIKATION

Wir zeigen in sozialen Netzwerken nur solche Jagdbilder, die nicht abstoßend wirken und deren Aussage sich auch Nichtjägern sofort erschließt.

JÄGERSPRACHE

Wir sprechen für Nichtjäger eine Fremdsprache, deshalb ergänzen wir unsere Ausführungen mit verständlichen Worten.

LEBENSMITTEL

Wir produzieren ein hochwertiges Lebensmittel. Wir halten uns an die gesetzlichen Vorgaben und geben nur das Wildbret an andere weiter, was wir auch selbst essen würden.

18

Die Jogginghose des Waldes

Was glauben Sie, welche Größe trägt der deutsche Jäger – und die Jägerin? Eigentlich spricht man darüber so wenig wie über das Alter, aber was soll's: Einmal müssen die Dinge ja auf den Tisch. Und jetzt ist der richtige Zeitpunkt.

»Die Deutschen werden immer dicker.« Das teilte das statistische Bundesamt anlässlich des Weltgesundheitstages mit. Galten im Jahr 2005 noch 41,5 % der Frauen und 57,9 % der Männer als übergewichtig, waren es 2017 bereits 43,1 % der Frauen und 62,1 % der Männer.[61] Besonders der Anteil der stark übergewichtigen, der adipösen Menschen, hat zugenommen. Wirft man in diesem Zusammenhang einmal einen Blick auf die Verteilung der Konfektionsgrößen in der deutschen Bevölkerung, ähnelt sie einer Gaußschen Normalverteilung, mit der Spitze bei Größe 38 bei den Damen[62] und Größe 50 bei den Herren.[63] Jetzt wird sicher die eine oder andere Dame – natürlich ausschließlich mit Blick auf ihren Bekanntenkreis – fragend aufwerfen und ungläubig einwenden, dass die Größe 38 als meisthäufigste Größe ja wohl nur ein Wunschtraum sein kann. Damit liegen sie vermutlich nicht ganz daneben, denn es handelte sich bei der Verbraucheranalyse des Axel-Springer-Verlags von August 2012 um eine Selbstauskunft der Befragten. Danach hätte jede fünfte Frau (19 %) die Konfektionsgröße 38 und jede zehnte Frau (10,7 %) die Modelmaße 36.[64]

Was mich nun aber besonders interessierte, war die Frage, wie es sich bei der deutschen Jägerschaft verhält. In welchem Verhältnis steht bei der grünen Zunft besagte Selbstauskunft zur tatsächlichen Nachfrage? Auch Modelmaße oder eher bodenständige Normalität? Um das festzustellen, habe ich einmal einen Blick auf zwei viel verkaufte Bekleidungsartikel in der Saison 2019/20 geworfen:

Pullover mit Entenmotiv

Bei den gekauften Größen bildete sich zunächst die gleiche Normalverteilungskurve ab wie bei der Umfrage. Es zeigten sich jedoch ganz deutliche Unterschiede beim Anteil der kleinen Größen: Jede vierte Frau (25 %) kaufte den Pullover in Größe 38 und sage und schreibe jede fünfte Frau (19 %) bestellte den Pullover in der zierlichen Größe 36!

Damenhose

Auch hier zeigte sich die gleiche Verteilungskurve wie beim Entenpullover, mit den gleichen Unterschieden bei den kleinen Größen. Die Damenhose Huntex® wird sogar in Größe 34 angeboten und an dieser Stelle zeigt sich ein erheblicher Unterschied zum Bundesdurchschnitt. Während einer Umfrage der Textilwirtschaft aus dem Jahr 2019 zufolge nur 5 % aller deutscher Frauen die Hosengröße 34 tragen[65], sind es bei den Käuferinnen dieser Jagdhose 14 %. Ein Unterschied von fast zehn Prozentpunkten!

Mit Blick auf diese Zahlen bleibt festzuhalten, dass sich die Jägerinnen im Vergleich zum Bundesdurchschnitt den Gürtel offensichtlich gerne etwas enger schnallen. Auf die stetige Zunahme an jagenden Frauen hat die Textilindustrie reagiert: Noch vor zehn Jahren war es für die Damen unmöglich, eine gut sitzende Jagdhose oder tailliert geschnittene Softshell-Jacke zu bekommen. Auch etwas stärkere Frauen müssen heute

Waidfrauen und Waidmänner stehen größenseitig am Rande der Gesellschaft: Jede fünfte Jägerin bestellt Größe 36, jeder zehnte Jäger Größe 60!

---

nicht auf Passform verzichten. Dass aber gerade hier noch Luft nach oben ist, zeigt der Kommentar einer Kundin vom Juni 2019: »Besonders frustrierend finde ich es – 1,85 m groß, sportlich, aber mit starken Hüften und somit Hosen in Frauengröße 50/52 –, von Fachverkäufern Herrenhosen angeboten zu bekommen. Bis die am Po passen, steht der Bund 30 cm ab.«

Jetzt kommt die große Frage, wie es sich beim »starken« Geschlecht verhält. Eine im Spiegel veröffentlichte Untersuchung ergab, dass die häufigste Konfektionsgröße beim deutschen Mann die Größe 50 ist, die sich jeder fünfte (20,7 %) überstreift.[66] Auch hier soll ein Blick auf zwei der meistverkauften Bekleidungsartikel zeigen, ob die Jägerschaft Durchschnitt ist:

Faserpelz-Wendejacke

Bei dieser Jacke zeigt sich die Kurve verschoben. Die meistverkaufte Größe ist nicht die Größe 50 (M), sondern Größe 54 (XL). Und besonders deutlich wird der Unterschied zum Durchschnittsdeutschen bei den großen Größen: Während laut besagter Umfrage nur 5,9 % der deutschen Männer Größe 56 tragen, sind es unter den Jägern 17 %. Immerhin 2,5 % der deutschen Männer hüllen sich in Umhänge der Größe 58 und größer. Bei FRANKONIA kauften sogar satte 10 % der Jäger besagte Faserpelzjacke in Größe 60, also viermal so viele!

Jagdtroyer mit Zipp-Brusttasche
Bei diesem Artikel halten sich Größe 52 und 54 gemeinsam an der Spitze der meistverkauften Größen. Sie machen die Hälfte aller Käufe aus. Ansonsten zeigt sich genau dasselbe Bild wie bei der Faserpelzjacke: 15 % der Kunden kaufen Größe XXL und 10 % gaben Größe 3XL (60) den Vorzug.

Nun lassen diese Betrachtungen natürlich keine statistisch abgesicherten Rückschlüsse auf die gesamte Jägerschaft zu, bieten aber allemal ein interessantes Schlaglicht. Bemerkenswert ist die Erkenntnis, dass die Waidfrauen und Waidmänner größenseitig am Rande der Gesellschaft stehen … Die Jägerinnen wollen auch im Revier keine »Nummer größer« tragen. Sie legen Wert auf Passgenauigkeit, auch wenn's vielleicht mal zwickt. Der Jäger macht sich diese Gedanken offensichtlich nicht so sehr. Er betrachtet die Jagdbekleidung eher als »Jogginghose des Waldes«. Lieber etwas mehr Luft, kann ja nicht schaden und man muss im Revier ja schließlich keinen Schönheitswettbewerb gewinnen. Außerdem passt im Winter dann auch noch die lange Unterhose aus Teddy-Fleece darunter. Unterm Strich also ein leichter Hang zum Größenwahn.
Es gab da gewisse Jagdausstatter, die verlangten bis 2014 noch einen Zuschlag von 10–15 % auf Übergrößen. Darunter fielen alle Größen ab 54 (XL). Lange Jahre ein gutes Geschäft, aber auf Dauer eben nicht konkurrenzfähig. Vielleicht sagt sich deshalb heute mancher Jäger aus

Jägerinnen wollen auch im Revier keine »Nummer größer« tragen. Sie legen Wert auf Passgenauigkeit, auch wenn's vielleicht mal zwickt.
Der männliche Jäger betrachtet die Jagdbekleidung als »Jogginghose des Waldes«: passt, wackelt und hat Luft.

Da so eine Faserpelzjacke auch gerne mal als Hunde-deckchen für unterwegs herhalten muss, freut sich der Vierbeiner gleich mit über die große, kuschelig-weiche Liegefläche.

---

dem süddeutschen Raum: »Wenn ich das gleiche bezahle, dann nehme ich doch lieber die Ausführung mit mehr Stoff dran.« Da so eine Faserpelzjacke auch gerne mal als Hundedeckchen für unterwegs herhalten muss, freut sich der Vierbeiner gleich mit über die große, kuschelig-weiche Liegefläche.

◆

»Der deutsche Mann und der deutsche Jäger im Jackenvergleich«: Der männliche Jäger trägt es gerne zwei Nummern größer.

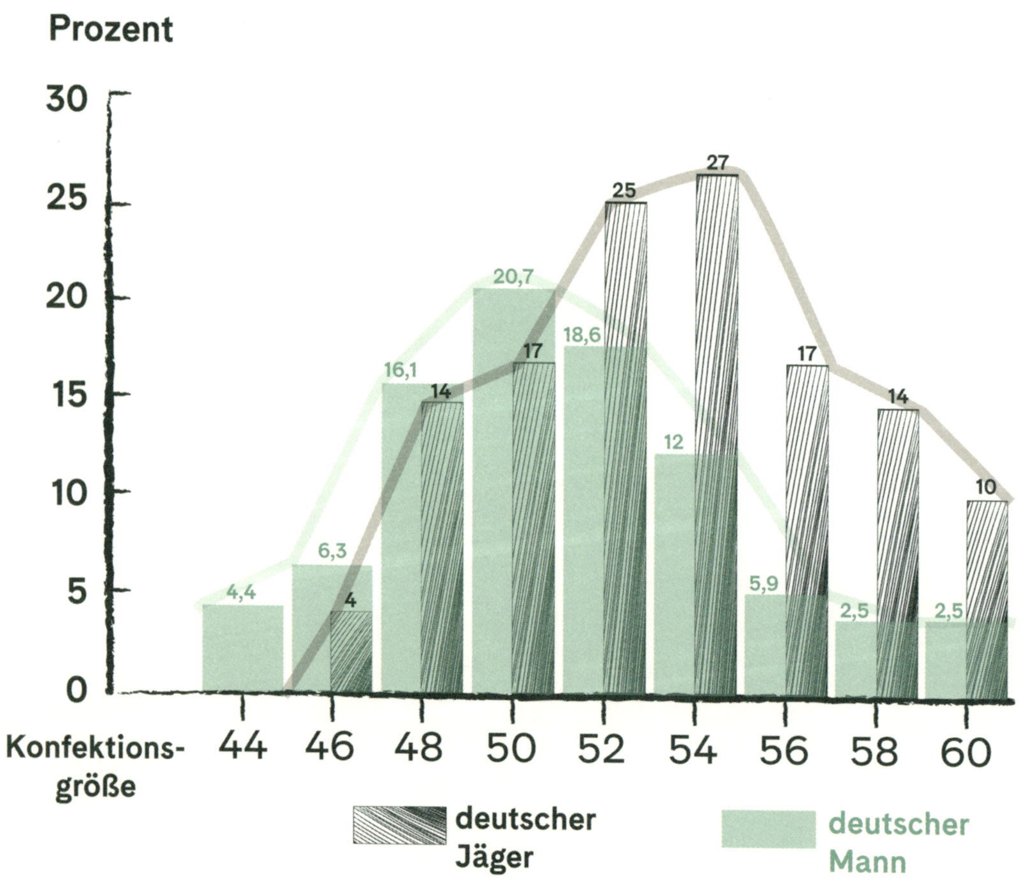

»Die deutsche Frau und die deutsche Jägerin im Hosenvergleich«: Der Anteil von Jägerinnen, die Hosengröße 34 und 36 kaufen, ist überdurchschnittlich hoch.

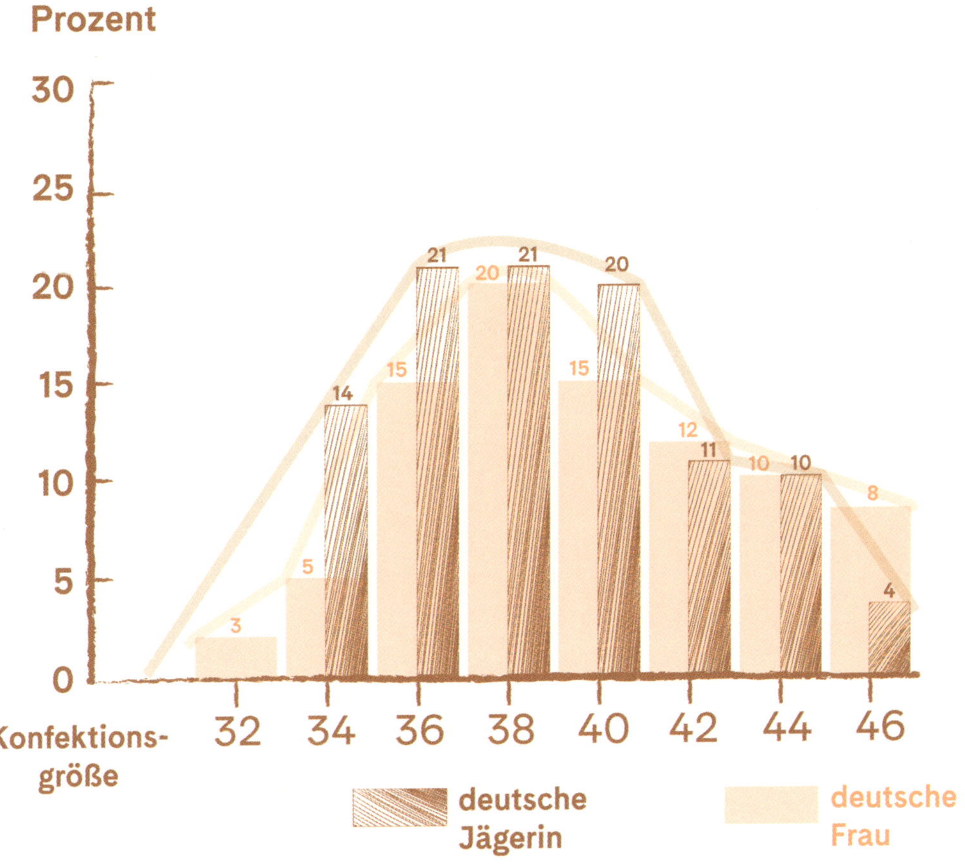

19

Waldheld oder Maulheld?

Natürlich meine ich nicht Sie, aber Sie wissen sicher, von wem ich spreche. Von einem Ihrer Jagdkameraden, so wie jeder einen hat. Der es mit seinem ungehobelten, respektlosen Auftreten im Revier schafft, allen Jägern den Stempel des »Maulhelden« aufzudrücken. Dabei sind wir doch gar nicht so!

»Waldhelden« – egal, ob aus der griechischen Mythologie, aus den Sagen und Legenden des Mittelalters, aus den Märchen der Gebrüder Grimm oder aus dem Heute –, ein Held wird verehrt und ist beliebt.

Jäger sind per Gesetz verpflichtet, einen artenreichen, gesunden Wildbestand zu erhalten. Sie reduzieren Wildbestände, damit Schäden in Wald und Flur nicht überhandnehmen und Tierseuchen sich möglichst nicht ausbreiten. Jagd auf Raubsäuger wie Fuchs, Waschbär oder Marder sind zudem ein wichtiger Beitrag für den Artenschutz. Bei Wildunfällen sind Revierpächter rund um die Uhr im Einsatz, um verletztes Wild zu finden oder Unfallbescheinigungen für Autofahrer auszustellen.

Dass Jäger also viel zur Erfüllung der ihnen übertragenen Aufgabe leisten, sowohl in finanzieller als auch zeitlicher Hinsicht, dürfte außer Frage stehen. Der Deutsche Jagdverband (DJV) schätzt, dass private Jäger pro Jahr etwa Leistungen im Wert von 2,7 Milliarden Euro erbringen.[67] Allein die eingebrachte Freizeit, die sie zur Bejagung und zur Hege des Wildes im Revier verbringen, wäre mit Steuergeldern für Berufsjäger gar nicht zu bezahlen.

Das mit der »Leistung« des Helden wäre also abgehakt, wie verhält es sich nun aber mit der Beliebtheit?

Die Jagd selbst findet in der Bevölkerung breiten Rückhalt. Das ergab zumindest eine 2016 vom Institut für Marktforschung und Kommunikation, Bremer und Partner GmbH (IFA), im Auftrag des Deutschen Jagdverbandes

(DJV) durchgeführte Umfrage. Von den 1.000 befragten Personen gaben rund 80 % an, dass die Jagd notwendig sei, um Wildbestände zu regulieren sowie Wildschäden in Wald und Feld vorzubeugen. 90 % der Befragten sprechen sich für eine Fütterung von Wild in Notzeiten aus. Dass Jäger die Natur lieben, denken 88 % der Bundesbürger.

Die Aussage, dass Jäger aus Lust am Töten auf die Jagd gehen, trifft dagegen kaum auf Zustimmung: 87 % der Deutschen waren anderer Meinung.[68]

Die Jagd findet also breite Zustimmung, aber wie verhält es sich mit dem Jäger selbst? Als Mensch, als eigener Charakter?

»Warum sind Jäger eigentlich immer unfreundlich?« Diese Frage stellte mir völlig überraschend eine Bekannte. Sie erzählte mir dann von ihrer letzten Begegnung im Wald, als sie von einem ansitzenden Jäger – von oben herab – abgekanzelt wurde, weil sie beim Hundegassi unter seinem Hochsitz vorbeigegangen war.

Mir sind gleich mehrere Jagdkollegen eingefallen, die solch eine Strafpredigt hätten halten können. Trotzdem habe ich meine Bekannte intuitiv beruhigt und ihr erklärt, dass es sich da nur um eine Ausnahme handeln würde und sie natürlich auch Verständnis für den Jäger haben müsse. Aber war es wirklich eine Ausnahme? Mein Interesse war geweckt. Auf der Suche nach Umfragen zum Image des Jägers als Person bin ich leider nicht fündig geworden. Nur in einem Satz geht die oben zitierte Umfrage auf den Jäger selbst ein: »Immerhin die Hälfte der

Deutschen gab bei der Umfrage an, Kontakt mit Jägern gehabt zu haben – was durchweg zu noch besseren Noten führte.«[69]

Und so befragte ich bei jeder sich bietenden Gelegenheit nichtjagende Personen, welche Erfahrungen sie denn so mit Jägerinnen und Jägern gemacht hätten. Und leider kam ich bei meiner »nicht repräsentativen Umfrage« zu dem Ergebnis, dass von »Helden« nur bedingt die Rede sein konnte; mehr als die Hälfte der von mir Befragten, überwiegend Hundebesitzer, sprachen im Zusammenhang mit Jägern nicht von Helden, sondern sinngemäß von »Maulhelden«.

Viele der Erlebnisse ähnelten sich, der rote Faden war meist eine einmalige Begegnung im Revier. Ob vom Hochsitz herab oder auf Augenhöhe – der Grundtenor des durchgängig männlichen Jägers war eine Mischung aus Unmut und Zurechtweisung. Dieses Verhalten hat sogar Einzug in den 1994 erschienenen Satirefilm »Der Schuss ins Brötchen« gehalten: Jäger Brahms rast mit seinem dicken SUV am Gassigänger Brüderle vorbei, fährt durch die Pfütze, spritzt ihn dabei nass und pöbelt ihn an, er solle seinen Hund an die Halsung nehmen. Da Satiren nur funktionieren, wenn sie eine reale Situation überspitzt darstellen, dürfte die Szene also nicht völlig aus der Luft gegriffen sein. Zahlreiche Einträge in Hundeforen scheinen diese Vermutung leider zu bestätigen.[70]

Dass es beim Image des Jägers noch Luft nach oben gibt, hat auch der Bayerische Jagdverband (BJV) erkannt und

2012 eine erfolgreiche, bis heute laufende Plakataktion ins Leben gerufen, mit dem Slogan »Ich mag meinen Jäger ...

... weil er mir frisches Wild in die Küche bringt
... weil er in meine Sicherheit investiert
... weil Hörnerklang ein Stück Bayern ist
... weil sie so viel über die Natur weiß
... weil er das Rehkitz vor dem Mähtod rettet
... weil er hilft, artenreiche Lebensräume zu schaffen
... weil sie mir bei der Waldbewirtschaftung hilft
... weil er zu uns gehört.«

Ihnen ist sicher aufgefallen, dass bei zwei Plakaten »sie« steht. Der BJV scheint die Themen »Naturwissen« und »Waldbewirtschaftung« wohl eher den Jägerinnen zuzutrauen.

Die bayerischen Jäger erhalten diese Plakate auf Anfrage kostenlos. So kann jeder Revierpächter seinen persönlichen Schwerpunkt auswählen und durch das Aufhängen des Posters in der Gemeinde seine ganz persönliche Imagepflege betreiben. Wie heißt der Grundsatz? »Tue Gutes und rede darüber!« Genauso bekannt ist aber auch die Regel, dass eine einzige negative Erfahrung alles zunichtemachen kann, was man mühsam aufgebaut hat.

Stellt sich also die Frage, warum viele der Begegnungen aus Waldbesuchersicht negativ verlaufen. Dabei sind die meisten Jäger im normalen Leben doch liebende Familienväter und treuherzige Großväter. Verwandeln sich diese Menschen beim Betreten des Reviers plötzlich in einen

Zombie? Nein, ich denke, der Grund ist pragmatischer Natur: Es hat sich einfach bewährt. Das ist das Positive an der negativen Konditionierung: Gehorsam durch Bestrafung – das gewünschte Meideverhalten tritt ein. Dem grantigen Jäger wird aus dem Weg gegangen und damit auch die Gegend gemieden, wo er höchstwahrscheinlich anzutreffen ist: das Revier zur Morgen- und Abendzeit.

Selbst falls einige Verhaltensweisen von Waldbesuchern gegen gesetzliche Vorgaben verstoßen, empfiehlt es sich nicht, gleich mit Paragrafen und Strafen zu argumentieren. Das schafft Distanz. Verständliche Informationen ohne erhobenen Zeigefinger sind gefragt. Sich auf die Gesetzeslage zu berufen, macht erst dann Sinn, wenn sich Naturbesucher trotz freundlicher Hinweise unbelehrbar zeigen oder gar mutwillig stören. Leider gibt es auch dieses Klientel, wenn auch glücklicherweise selten. Für manche ist Jagdstörung ihr ganz persönlicher Beitrag zum Tierschutz. Und zu Hause essen sie dann wieder ihr billiges Schnitzel aus der Massentierhaltung. Manchmal müssen wir Jäger uns aber auch an die eigene Nase fassen, nämlich, wenn wir Jagdgegner selbst »züchten«: Wer die alte Dame mit ihrem frei rumtappernden Fettmops ohne Vorwarnung zusammenstaucht, muss sich nicht über Gegenwind wundern. Solche Taten sprechen sich besonders schnell rum und führen zu unnötiger Konfrontation.

Meist ist das unerwartete Aufeinandertreffen ja kein böser Wille. Beim größten Teil der Naturnutzer lassen sich deshalb Brücken bauen: Jagdhunde zum Beispiel sind

Sympathieträger und brechen schnell das Eis; so hat der Jäger – zumindest bei Gassigängern – doch schon eine Gemeinsamkeit gefunden. Am besten ist es natürlich, das Interesse an der Jagd zu wecken: Dazu kann er dem Waldbesucher anbieten, bei nächster Gelegenheit einmal mit auf den Ansitz zu kommen oder bei der nächsten Drückjagd als Treiber mitzugehen.

◆

Das Image des Jägers aus verschiedenen Perspektiven: Einmal aus Sicht der Jägerschaft, einmal aus Sicht von Jagdgegnern.

Ich mag meinen Jäger,

Ich mag Jäger nicht,

… weil sie zur Ausrottung von Tierarten beitragen.

20

Der größte Witz aller Länder und Zeiten

Hätten Sie gedacht, dass der witzigste Witz der Welt ein Jägerwitz ist? Dabei ist es gar nicht so einfach, einen gemeinsamen Nenner zu finden. Denn was in einem Land ein richtiger Knaller ist, hinterlässt bei einer anderen Nation nur ein großes Fragezeichen.

Wisemans Studie fand heraus, dass die Deutschen Spitzenreiter in Sachen Humor sind.

»Worüber lacht die Welt?« Dieser Frage ging Psychologieprofessor Richard Wiseman von der University of Hertfordshire in Großbritannien im Rahmen eines wissenschaftlichen Projektes nach. Dazu initiierte er einen der größten sozialwissenschaftlichen Feldversuche. Zielsetzung der Studie war, denjenigen Witz zu finden, der die größte Aufmerksamkeit und das größte Verständnis bei unterschiedlichen Kulturen, Bevölkerungen und Ländern hatte.

Für seine Untersuchung richtete Wiseman eine Website ein, die er »LaughLab«, also Lachlabor, nannte. Er forderte die Menschen weltweit auf, dort ihren Lieblingswitz einzugeben und die bereits von anderen Menschen eingestellten Witze zu bewerten. Rund 500.000 Menschen aus insgesamt 70 Ländern nahmen teil und stellten über 40.000 Witze ins Netz, die fast 2 Millionen Bewertungen erhielten.[71]

Nun gibt es durchaus einige Menschen, die zum Lachen in den Keller gehen – die Deutschen scheinen jedoch keine Kellerkinder zu sein. Denn Wisemans Studie fand heraus, dass die Deutschen Spitzenreiter in Sachen Humor sind. Das folgerte er daraus, dass sich die deutschen Teilnehmer über die Witze im »LaughLab« im Vergleich mit allen anderen teilnehmenden Nationen am meisten begeistern konnten. Mit seinem Humor ist der Deutsche allerdings nicht sehr wählerisch. Denn die Studie zeigte auch, dass die Bundesbürger über die größte Bandbreite an Witzen lachen – also sowohl über die ganz schlechten als auch über die Witze mit der international besten Bewertung. Bei fast jedem Volk ließ sich eine Vorliebe für eine bestimmte Art von Witz erkennen – nur nicht bei den Deutschen, die lachen über fast alles, heißt es sinngemäß in der Studie.

Im Vergleich der Nationen fiel Wiseman ein Zusammenhang auf: Je zufriedener ein Volk, umso weniger Humor hat es. So gelten die Kanadier als sehr glückliche Menschen und konnten über die Witze des »LaughLab« von allen Nationen am wenigsten lachen. Die Deutschen dagegen gelten als eher unzufrieden mit ihrer Gesamtsituation – warum auch immer – und fanden die Witze am besten. Die Ausländer werden jetzt verächtlich sagen: »Schaut, ihr Deutschen, Geld allein macht auch nicht glücklich.« Pah, da können wir nur drüber lachen!

Bei einer weltweit angelegten Studie wie der von Richard Wiseman stoßen natürlich ganz verschiedene Kulturkreise aufeinander. Viele Witze haben eine sehr regionale Ausprägung und werden schon im Nachbarland nicht mehr verstanden. Baut der Humor auf einem Wortwitz auf, wie das häufig in Großbritannien der Fall ist, braucht man gar nicht erst versuchen, den Witz in andere Sprachen zu übersetzen. Zudem gibt es einen Zusammenhang zwischen Sprache und Kulturkreis: Wird dieselbe Sprache in verschiedenen Ländern gesprochen, heißt das noch lange nicht, dass auch das Zwerchfell gleichermaßen attackiert wird. So können die Amerikaner den hintergründigen, feinsinnigen britischen Humor nicht dechiffrieren. Sie lieben Witze, die Überlegenheit vermitteln und andere dumm dastehen lassen.

Neben den Briten haben auch Iren, Australier und Neuseeländer eine starke Vorliebe für Wortspiele. Viele europäische Länder wie Frankreich, Dänemark und Belgien mögen Witze mit unwirklichen Inhalten oder auch Witze, die beängstigende Themen wie Tod, Krankheit oder Schwiegereltern verballhornen.

> Ein Patient sagt: »Herr Doktor, letzten Abend hatte ich einen Freudschen Versprecher: Ich aß mit meiner Schwiegermutter zu Abend und wollte sagen: »Könntest du mir bitte die Butter reichen?« Stattdessen sagte ich aber: »Du dumme Kuh, du hast mein ganzes Leben ruiniert.«

Wenn man einen völlig anderen Kulturkreis erleben möchte, muss man nur einen Blick ins Land der aufgehenden Sonne werfen. Die Japaner besitzen laut Wiseman einen ganz eigenen Humor, der uns Westeuropäern wohl für immer verschlossen bleiben dürfte. Die Suche nach dem besten Witz der Welt ist also nichts anderes als die Suche nach dem größten gemeinsamen humoristischen Nenner. Und wer hätte es gedacht? Platz 1 ist ein Jägerwitz! Eigentlich ist das nicht erstaunlich, gilt doch die Jagd als ältestes Handwerk der Welt und als Kulturgut der Menschheit – ist also auf der ganzen Welt bekannt.

Hier nun der witzigste Witz der Welt:

> Zwei Jäger sind im Wald unterwegs, als einer von beiden zusammenbricht. Er atmet nicht mehr, seine Augen sind glasig. Der andere ruft mit dem Handy einen Notarzt an und keucht: »Mein Freund ist tot. Was kann ich tun?« Antwort: »Beruhigen Sie sich. Zunächst müssen wir sichergehen, dass er wirklich tot ist.« Daraufhin zunächst Stille, dann ein Schuss. Dann die Frage: »Okay. Und nun?«

Dieser beste Witz aller Zeiten stammt aus Großbritannien. Von einem Mann, der als Vater der modernen Comedy gilt: Spike Milligan. Der 2002 verstorbene Milligan war Sprecher der Goon-Show, eine britische Radio-Comedy-Show der BBC, die von 1951 bis 1960 gesendet wurde. Mit ihrem absurden, surrealistischen Humor soll sie starken Einfluss auf die Komikergruppe Monty Python gehabt haben. Richard Wiseman ist auf eine selten gezeigte Folge der Goon-Show von 1951 gestoßen, in welcher er den Witz wiedererkannt hat.

Warum gerade der Jägerwitz so erfolgreich war, erklärt Dr. Richard Wiseman folgendermaßen: »Der Witz funktioniert in vielen verschiedenen Ländern, bei Männern und Frauen sowie bei Jung und Alt. Viele der eingereichten Witze bekamen von bestimmten Personengruppen höhere Zustimmungswerte, aber dieser Witz besaß eine sehr universelle Ansprache. Wir finden Witze aus verschiedenen

Je zufriedener ein Volk,
umso weniger Humor hat es.

Die Suche nach dem besten Witz der Welt ist nichts anderes als die Suche nach dem größten gemeinsamen humoristischen Nenner.

Gründen lustig: weil sie uns anderen gegenüber eine Überlegenheit vermitteln, weil sie die eigene Betroffenheit von beängstigenden Situationen mindern oder uns mit einer gewissen Unlogik überraschen. Der Jägerwitz beinhaltet alle drei Elemente: Wir fühlen uns dem naiven Jäger überlegen, erkennen das Missverständnis mit dem Notarzt und der Witz hilft uns, über den Tod im Allgemeinen zu lachen.«[72]

Zugegeben, es ist kein Witz, bei dem man lauthals loslacht. Aber ein Grinsen verursacht er allemal. Filtert man alle im »LaughLab« eingetragenen Witze nach dem besten Witz Deutschlands, ist das ein anderer:

> Ein General bemerkt, dass sich einer seiner Soldaten seltsam benimmt. Der Soldat nimmt jedes Blatt Papier in die Hand, runzelt die Stirn und sagt: »Das ist es nicht« und legt es wieder hin. So geht das einige Zeit, bis der General den Soldaten zum Psychiater schickt. Die Untersuchung ergibt, dass der Soldat eine Störung hat und der Psychiater schreibt ihm einen Entlassungsschein für die Armee. Der Soldat nimmt den Schein entgegen, grinst und sagt: »Das ist es!«

◆

Nicht jedes Land hat gut lachen – die Humor-Hitliste

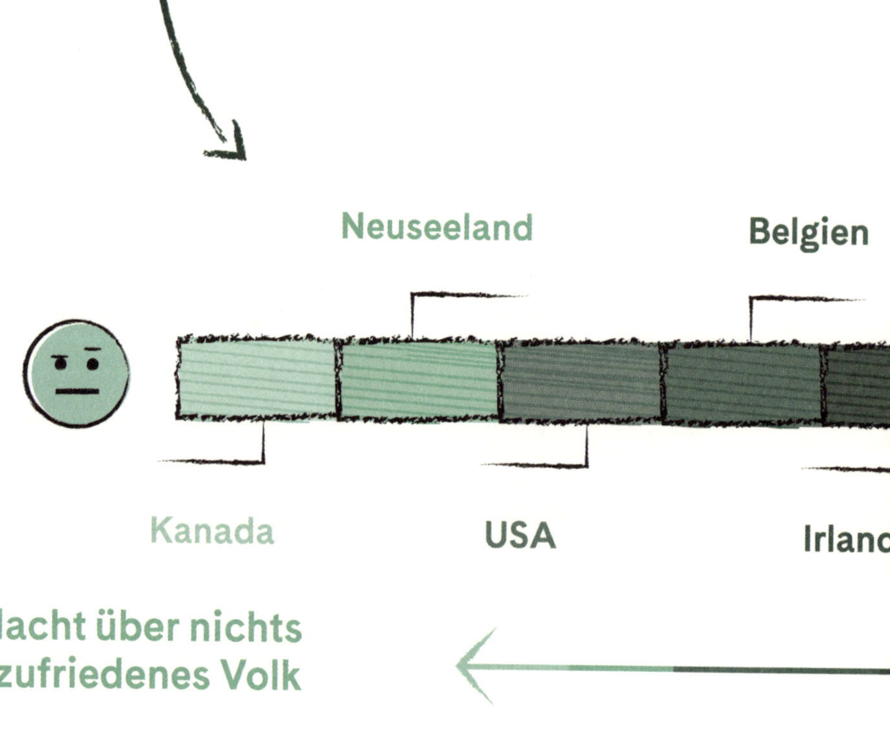

Bei fast jeder Nation ließ sich eine Vorliebe für eine bestimmte Art von Witz erkennen – nur nicht bei den Deutschen, die lachen über fast alles.

LaughLab, Final Report

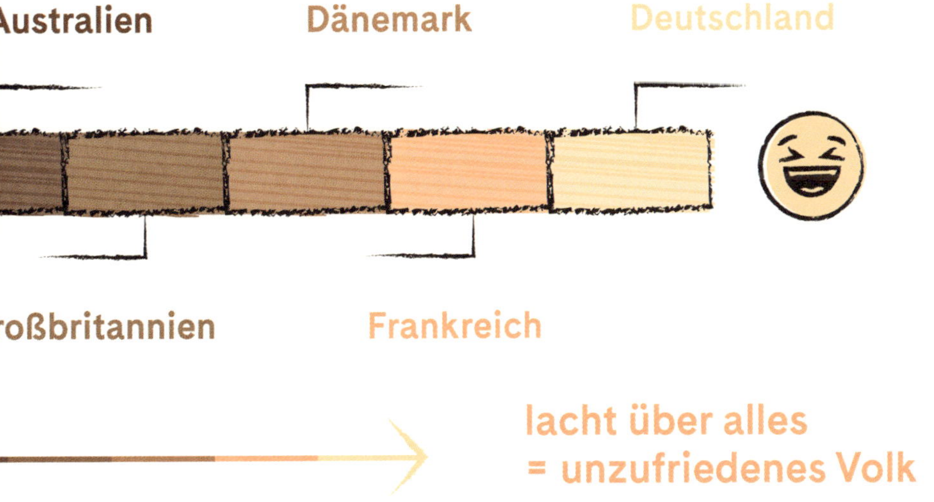

Danksagung

An erster Stelle danke ich meiner Frau Silke, die mir mit viel Geduld die notwendige Zeit gegeben hat, dieses Buch zu schreiben. Weiter danke ich meinem Vater, Dr. Reinhard Abeln, der das Manuskript dieses Buches mit Argusaugen korrigiert hat. Insbesondere danke ich der Firma FRANKONIA für interessante Blicke hinter die Kulissen und Insights in vertrauliche Zahlen. Ich danke dem Deutschen Jagdverband (DJV) und dem Bayerischen Jagdverband (BJV) für die vielen statistischen Erhebungen und Umfragen, auf die ich in diesem Buch zurückgreifen konnte. Ganz besonders danke ich dem Verleger von Molino, Dr. Matthias Slunitschek, für das entgegengebrachte Vertrauen und die wohlwollende Unterstützung bei meinen Arbeiten.

Quellen

1 https://www.sdw.de/waldwissen/wald-in-deutschland/waldanteil
2 Bundesministerium für Ernährung und Landwirtschaft: Deutschland, wie es isst – Der BMEL-Ernährungsreport 2019.
3 https://de.statista.com/infografik/17195/so-haeufig-essen-europaeer-fleisch/
4 https://de.mintel.com/pressestelle/deutschland-dominiert-weiterhin-bei-veganen-produkteinfuehrungen
5 https://www.jagdverband.de/sites/default/files/5629_Wildfleisch_2017_02_0.jpg
6 https://www.jagdverband.de/sites/default/files/2017-06%20Pressegrafik%20Wildverzehr%20BJT17.jpg
7 https://www.jagdverband.de/sites/default/files/2018-12_Pressegrafik_Verzehr_Wildfleisch_Deutschland_2017-18.jpg
8 https://www.zzf.de/presse/meldungen/meldungen/article/zahl-der-heimtiere-bleibt-auch-2018-stabil-1.html
9 https://www.jagdverband.de/sites/default/files/Grafik_Jagdhunde_06-2016_RZ_0.jpg
10 https://www.jagdverband.de/sites/default/files/Grafik_Jagdhunde_06-2016_RZ_0.jpg
11 https://www.dackel.de/dackel-geschichte/
12 https://www.dackel.de/dackel-geschichte/
13 https://www.morgenpost.de/printarchiv/panorama/article103272057/Japan-entdeckt-den-deutschen-Dackel.html
14 https://www.jagdverband.de/content/ehrenamt-jäger-sind-vorbilder
15 https://www.jagdverband.de/sites/default/files/Verbandsbericht_2019_DJV.pdf
16 https://de.statista.com/statistik/daten/studie/173632/umfrage/verbreitung-ehrenamtlicher-arbeit/
17 https://www.jagdverband.de/sites/default/files/2018-01_Pressegrafik_Motive_Jungjaeger.jpg
18 Die Pirsch liegt im Trend. In: Main-Post 10.02.2020, Würzburg.
19 https://www.jagdverband.de/sites/default/files/2017-01_Pressegrafik_Aussagen_zu_Jagd_und_Jaegern_Imagebefragung.jpg
20 https://www.jagdverband.de/ehrenamt-jaeger-sind-vorbilder
21 https://www.jagd-fakten.de/alle-fakten-zur-jagd-in-deutschland-auf-einem-blick/ehrenamtliche-jaegerinnen-und-jaeger-in-deutschland
22 https://www.jagd-fakten.de/alle-fakten-zur-jagd-in-deutschland-auf-einem-blick/ehrenamtliche-jaegerinnen-und-jaeger-in-deutschland
23 https://www.jagd-fakten.de/alle-fakten-zur-jagd-in-deutschland-auf-einem-blick/ehrenamtliche-jaegerinnen-und-jaeger-in-deutschland
24 Kuratorium Gutes Sehen e.V. (KGS), Allensbach-Studie 2014/15 »Sehbewusstsein der Deutschen« (Anhang A), Berlin

25 https://www.jagdverband.de/sites/default/files/Grafik_Soziodemografie_06-2016_RZ.jpg

26 Kuratorium Gutes Sehen e.V. (KGS), Allensbach-Studie 2014/15 »Sehbewusstsein der Deutschen« (Anhang A), Berlin

27 Kuratorium Gutes Sehen e.V. (KGS), Allensbach-Brillenstudie 2019/20, Berlin

28 Wolfram C., Höhn R., Kottler U. et al.: Prevalence of refractive errors in the European adult population: the Gutenberg Health Study (GHS). 2014, Mainz.

29 Die Pirsch liegt im Trend. In: Main-Post 10.02.2020, Würzburg.

30 https://www.jagdverband.de/sites/default/files/Grafik_Soziodemografie_06-2016_RZ.jpg

31 Die Pirsch liegt im Trend. In: Main-Post 10.02.2020, Würzburg.

32 https://de.statista.com/statistik/daten/studie/1365/umfrage/bevoelkerung-deutschlands-nach-altersgruppen/

33 Die Pirsch liegt im Trend. In: Main-Post 10.02.2020, Würzburg.

34 https://www.jagdverband.de/sites/default/files/Grafik_Jagdhunde_06-2016_RZ_0.jpg

35 https://www.jagdverband.de/sites/default/files/2018-01_Pressegrafik_Motive_Jungjaeger.jpg

36 https://echa.europa.eu/documents/10162/13641/lead_ammunition_investigation_report_en.pdf/efdc0ae4-c7be-ee71-48a3-bb8abe20374a

37 Allerdings hat sich das neue Bundesjagdgesetz zum Ziel gesetzt, die Anforderungen an Büchsenmunition bezüglich ihrer Bleiabgabe an Mensch und Umwelt und ihrer Tötungswirkung bundeseinheitlich festzulegen.

38 https://www.tum.de/nc/die-tum/aktuelles/pressemitteilungen/details/34649/

39 https://www.jagdverband.de/sites/default/files/4461_PressegrafikBleifreieMunition03_b.jpg

40 https://www.jagdverband.de/sites/default/files/Gründe%20für%20Wechsel.JPG

41 https://www.jagdverband.de/zahl-der-jaegerinnen-deutschland-rasant-gestiegen

42 https://chrismon.evangelisch.de/artikel/2018/42256/umfrage-was-haustiere-zu-hause-so-alles-duerfen

43 https://www.gdv.de/de/medien/aktuell/wildunfaelle-im-zwei-minuten-takt-51516

44 https://www.jagdverband.de/sites/default/files/2019-03_Pressegrafik_Wildunfaelle_Paarhufer_2018.jpg

45 https://www.jagdverband.de/sites/default/files/2019-03_Pressegrafik_Wildunfaelle_Paarhufer_2018.jpg

46 https://www.gdv.de/de/medien/aktuell/wildunfaelle-im-zwei-minuten-takt-51516

47 Generali Deutschland GmbH: Deutschlands großer Karambolage-Atlas, München, 2018.

48 https://www.jagdverband.de/jeder-unfall-ist-einer-zu-viel

49 https://www.dlrg.de/fileadmin/user_upload/DLRG.de/Fuer-Mitglieder/AA_DLRG2019/die_dlrg/Presse/Statistik_Ertrinken/2019/dlrg-presse-ppt-ertrinken-2019.pdf

50 Deutscher Alpenverein e.V.: Bergunfallstatistik 2016/17, München.

51 https://de.statista.com/statistik/daten/studie/182904/umfrage/todesfaelle-in-deutschland-aufgrund-von-unfaellen/

52 https://www.destatis.de/DE/Presse/Pressemitteilungen/2020/02/PD20_061_46241.html

53 Bösl, Wolfgang: »Jagdunfälle und deren Prävention«, Abschlussarbeit zum akademischen Jagdwirt, Wien, 2013

54 Kratzer, P.: LSV aktuell »Weniger Unfälle heißt: niedrigere Beiträge«, Landshut, 2005

55 Kratzer, P.: LSV aktuell »Weniger Unfälle heißt: niedrigere Beiträge«, Landshut, 2005.
56 https://www.baua.de/DE/Angebote/Publikationen/Berichte/Suga-2018.pdf?__blob=publicationFile&v=8
57 https://de.statista.com/statistik/daten/studie/36094/umfrage/landwirtschaft---anzahl-der-betriebe-in-deutschland/
58 https://de.statista.com/statistik/daten/studie/206250/umfrage/landwirtschaftliche-nutzflaeche-in-deutschland/
59 https://www.jagdverband.de/sites/default/files/4842_Grafik_01-2014_02_Jagdstatistik.jpg
60 https://www.bild.de/bild-plus/news/inland/news-inland/rekord-deutsche-jaeger-schiessen-882231-wildschweine-73764958
61 https://de.statista.com/infografik/17609/anteil-eebergewichtiger-in-deutschland/
62 https://de.statista.com/statistik/daten/studie/260325/umfrage/verteilung-der-konfektionsgroessen-bei-frauen-in-deutschland/
63 https://de.statista.com/statistik/daten/studie/177645/umfrage/konfektionsgroesse-maenner-bei-normalen-groessen/
64 https://de.statista.com/statistik/daten/studie/260325/umfrage/verteilung-der-konfektionsgroessen-bei-frauen-in-deutschland/
65 https://de.statista.com/statistik/daten/studie/1077639/umfrage/umfrage-unter-frauen-zur-getragenen-hosengroesse-in-deutschland/
66 https://de.statista.com/statistik/daten/studie/177645/umfrage/konfektionsgroesse-maenner-bei-normalen-groessen/
67 https://www.jagdverband.de/zeitgemaesse-jagd
68 https://www.jagdverband.de/zahlen-fakten/zahlen-zu-jagd-und-jaegern/image-der-jagd
69 https://www.jagdverband.de/zahlen-fakten/zahlen-zu-jagd-und-jaegern/image-der-jagd
70 https://www.das-schaeferhund-forum.de/thread/3717-unerfreuliche-begegnung-mit-einem-jaeger/
71 https://richardwiseman.files.wordpress.com/2011/09/ll-final-report.pdf
72 https://richardwiseman.files.wordpress.com/2011/09/ll-final-report.pdf

Letzter Zugriff auf Onlinequellen: 10. November 2020

Der Autor

Simon Abeln studierte Forstwissenschaften in Freiburg im Breisgau. Der passionierte Jäger verantwortet heute den Bereich Corporate Branding bei Deutschlands führendem Jagdausstatter und arbeitet freiberuflich als Autor unter dem Markennamen »Waldpoet«.

Waldpoet®

Erfahren Sie mehr über den Waldpoeten
Simon Abeln unter: www.waldpoet.de

Abeln, Simon
Helden des Waldes
Die etwas andere Welt der Jäger
ISBN 978-3-948696-02-3

Lektorat: Matthias Slunitschek
Gestaltung: STORMING Creative Studios, Leonberg
Illustration und Grafik: Elina Maier
Druck und Bindung: Friedrich Pustet, Regensburg

2. Auflage 2021